U0363303

给秘密加把锁

每个人都应学点密码学

王旭正 / 著

西苑出版社
XIYUAN PUBLISHING HOUSE

北 京

图书在版编目（CIP）数据

给秘密加把锁: 每个人都应学点密码学/王旭正
著. —北京: 西苑出版社, 2015. 11
ISBN 978-7-5151-0530-7

Ⅰ. ①给⋯ Ⅱ. ①王⋯ Ⅲ. ①密码–普及读物
Ⅳ. ①TN918.1–49

中国版本图书馆 CIP 数据核字（2015）第 261474 号

给秘密加把锁: 每个人都应学点密码学

著　　者	王旭正	
责任编辑	李明辉	
出版发行	西苑出版社	
通讯地址	北京市朝阳区利泽东二路 3 号	
邮政编码	100102	
电　　话	010–64228516	
传　　真	010–64228516	
网　　址	www.xiyuanpublishinghouse.com	
印　　刷	三河市鑫利来印装有限公司	
经　　销	全国新华书店	
开　　本	880mm×1230mm　1/32	
字　　数	120 千字	
印　　张	6.5	
版　　次	2016 年 1 月第 1 版	
印　　次	2016 年 1 月第 1 次印刷	
书　　号	ISBN 978-7-5151-0530-7	
定　　价	36.80 元	

目　录

悄悄走入你我日常生活的密码技术

　　密码学长久以来都被视为一门艰深难懂的理工课程，对大多数人而言，密码学更是遥不可及，而且毫不相关的。

　　然而，近年来由于网络技术及应用的蓬勃发展，密码技术已无声无息地融入每一个人的日常生活当中。例如现在很多人使用的通讯软件 LINE、社交软件 Facebook、实时照片分享软件 Instagram、网络银行、电子商务、在线游戏、物联网等等，都是使用大量的密码技术，来确保其中的信息安全与用户的个人隐私。大多数人不必学会设计密码算法或密码协议，也不需要会破解密码，但是身为数字时代的一分子，我们对认知哪些密码技术可保护哪些信息的安全及个人的隐私，是有其必要的。

　　在《给秘密加把锁》中，作者以深入浅出的方式，引导读者进入密码的世界，让读者了解，密码技术如何帮人们解决日常生活中所面临的各种问题。对非相关专业人士而言，本书以故事模式导引读者，轻松有趣、难易适中，读者可获取日常生

给秘密加把锁

活各种活动中，保护我们信息与隐私的密码技术及原理，十分值得推荐！

雷钦隆

台湾大学电机系教授

现代公民必读的 "密码学故事书"

这是一本非常适合广大读者阅读的科学普及读物。我有幸提早阅读到全书原稿，忍不住兴奋之情，想跟未来的读者分享一点心得。

首先，这本书应该是现代公民必读的。因为我们的生活已经离不开信息科技与计算机网络了，了解一些信息安全、计算机犯罪、数字鉴识的基本概念，有助于保障自己的权利。其次，这本书让我有非常愉快的阅读体验。作者充分运用其深厚的专业知识背景，站在更高更宽广的角度，用平易近人的写作方式，将信息安全各种相关知识镶嵌在有趣的问题与故事当中。

作者从古代数字的起源谈到各种数字系统背后有趣的意义，并介绍了数字的基本计算。将古代的密码技术之间加以比较对照，还以"咸鱼翻身"的说法带领读者认识现代的数字密码。提及"公开密钥密码"时，坦白说，这是一般读者最难理解的部分，作者竟然能想到用"蛋炒饭"等思维来导出公开密钥密码的概念，生动又有趣。网络的历史故事、现代的网络应用与问题、网络的可信度问题、数字鉴识正面的效用与背后应有的反思，内容发人深省，但都以富想象力的通俗故事精彩解说。

这样的写作方式，让阅读本书就像读故事书一样轻松愉快，却又能有知识上满满的收获，我极力推荐大家一起来阅读这本好书。除了愉快的阅读体验与知识上的收获之外，各位读者可能也会跟我一样，被作者投入的心血深深感动！

张仁俊

台北大学资讯工程系教授

轻松认识 "密码" 这门学问

　　本书首先介绍一些基础观念，包括数字的起源、质数的奥秘、数学的规律，接着密码登场，从过去密码学、对称/非对称加解密、公开/秘密密钥、数字签名到凭证中心；通过各种网络应用的介绍（如 WWW、Email、Blog、Facebook、网络购物、无线网络、智能型手机等），谈到其中的各种犯罪和陷阱（如网络色情、计算机病毒、侵害著作、网络钓鱼、妨害名誉、身份窃盗等）；最后探讨数字证据与计算机鉴识。

　　全书文句简明通畅、深入浅出，可以看出作者的用心，是要"将困难的定理，用简单的话语表达"，这其实并不容易，作者确实煞费心力。更难得的是，这本想要写给一般读者的科普读物，穿插许多小故事，如"韩信点兵""罗密欧与朱丽叶""福尔摩斯"，更借用《断背山》《全民公敌》《网络惊魂2》《猎杀 U−571》等经典电影情节，使读者在轻松阅读之余，获取大量宝贵的知识。

　　若有读者能因此受到激励，而投入此一学问的探索，或能

给秘密加把锁

通过本书深植科技使用的概观与认知，则本书功劳大矣。

廖有禄

台湾"中央"警察大学刑事系教授

作者序

资讯安全的基础，
在于对机密信息的敏感意识

　　从事学术工作多年，陆续完成了信息安全与密码、影像隐藏与应用、数字鉴识等领域的相关著书，这些书在内容上的设计与目的，主要是课堂上课教材及学生学习的依据。但如果想让这些知识更普及，让不分年龄、领域的一般人都能轻松接触、深入生活，对于科技上的深植与应用有所认识，就需要科普书而不是教科书了。我试着通过故事，鼓励读者一起来认识"密码学"的起源及发展，当然，也希望大家在了解之后，有机会爱上密码，而乐于寻求更多信息充实自己，妥善运用这项科技资源。

　　"密码学"在现今数字时代的运用看似新颖，却其实是一门历久弥新的有趣学问。早在中国周朝的兵书《六韬·龙韬》中，便已运用密码作为军事通讯的方法与策略，例如阴符与阴书。古罗马时期，恺撒将密码运用于军事通讯中。第二次世界大战期间，密码也没有缺席，英格玛密码机的破解，成为盟军最后胜利的关键。我们可以说：密码演变的过程，见证了人类文明与科技的进步。而在生活中，所谓"商场如战场"，能多掌握一些情资，也就多一分人际相处及制胜的筹码，社会生存法则即是"变"与"通"，密码的概念无所不在。

拜科技进步之赐，我们随时可以不受时间、空间限制遨游网络世界：网购、收发 E-mail、用 Line 聊天、使用 Facebook、Instagram……但在使用网络的同时，我们是否有所警觉：网络真的那么安全吗？没有人会希望自己的隐私遭人窥探，这正是各国政府制定"个人资料保护法"的目的。网络是一个公开且开放的空间，数据的传递过程，其实有相当的风险，这也是信息安全如此受到企业及政府部门重视的原因，资讯安全认证标准"ISO 27001"更是这几年来的当红炸子鸡，而信息安全的基础，正是"密码学"。

现今智能型手机日渐普遍，不论达官贵人或市井小民皆能"人手一机"，人人都能轻易运用到的屏幕锁定图形锁及唤醒密码，就是密码学的延伸利用。表面上，密码只是一门加密、解密的技术而已，但其真正的精神，是对于机密信息的敏感意识，也就是我们常说的"资讯安全意识"。

也许有人会问："我们需要了解'密码'吗？为什么要学呢？对生活有什么帮助吗？"正如"道高一尺，魔高一丈"，科技进步，犯罪手法也在进步。举例来说，LINE 及 Facebook 确实丰富了我们的生活。数十年未联络的同学、故旧，失散已久的亲朋好友，都能重新取得联系。Facebook 甚至利用其特有的算法，不断以"你可能认识的朋友"主动为使用者提供扩张人际网络的名单。从某种程度而言，Facebook 所形成的社交网络关系，验证了"六度分隔理论"的真实性（即平均只需要五个中间人，就能与世上任何一人认识）。而 LINE 更可说是中老年人接触智能型手机的第一个 APP（应用程序）。LINE 可爱的贴图、免费的语音通话及信息同步功能，不知让多少婆婆妈妈、少男少女为之疯狂着迷。在 MSN、Yahoo Messenger 流行的年代，曾有句话是"No MSN，No Friends"，而在 MSN 中止服务、Yahoo Messenger 式微的今天，LINE 移动通讯软件霸主的地位可说是难以撼动。

但光鲜亮丽的背后，随处可见各类负面新闻："LINE 诈骗猖獗，今年诈欺案暴增五成"（http：//goo.gl/bASnCZ）、"别点！'骗'脸书账号遭检举，盗取个人资料"（http：//goo.gl/lMQojY），在在证明了现今使用者咨询安全意识的不足，财物及名誉上受损害的案件层出不穷。享受便利之余，反而严重牺牲基本的个人隐私及财产安全，却很少人理解到，只需要对"密码"这道安全防线有所意识，其实就能更理性运用网络、科技带来的好处。

密码学，了解密码的学问。说穿了，也就是隐藏秘密、处理秘密、鉴定秘密的学问。每个人都会有深藏在心底、不愿为人所知的秘密，各种隐藏秘密的方式，其实也正是密码中的各个加解密技术。希望在阅读本书的过程中，也让读者有机会重新思考何谓隐私及隐私所代表的意义。

最后，本书得以出版，要感谢许多人、许多事：我的工作单位（台湾）"中央"警察大学；我的编辑团队——信息暨密码建构实验室（ICCL）伙伴：陈育廷、范亚亭、柯博淞、张雅婷、陈彦霖、郭彤安及方素贞等；圆神出版事业机构究竟出版社的编辑群。他们在第一次闲叙时对这本书的肯定，以及为稿件费心修润等编辑作业，使这本书得以顺利付梓。借此机会表达我所有心底的感动与喜悦的秘密，向所有人员的努力致上最深挚的感谢。

王旭正

2015 年 1 月

前　言

学习密码学之前，请想一想……

我们用我们个人的隐私作为货币，来换取网络的"免费服务"。
我们需要真正意识到目前正发生在我们身上的隐私问题，了解免费的代价，认识网络定义隐私、个人空间及"人"的方式。

你相信网络吗？

　　计算机的出现，让密码研究与应用成为一门重要学科，密码不再止于推理与狭隘的数字游戏，而是与现代的科技生活息息相关。

　　《西游记》中齐天大圣孙悟空凭借着金箍棒与筋斗云两样利器，斩妖除魔完成了艰巨的取经任务。我们现今同样面临严峻多变的考验，信息与挑战复杂且多元，面对各项任务，网络就好比筋斗云，一翻十万八千里，让我们不出门也能得知天下事，实时即地掌握信息。计算机则如同金箍棒，协助你我完成各种工作。正因为知识的传递更便利，现代人生活、工作中的一切几乎全面仰赖计算机及网络，不容易察觉其中的危机，使得密码成为传递所有信息时关键的第一道防线。

一般人所不熟知的是，网络最初始的发明与运用，其实与秘密的隐藏和传递有关。

20 世纪 60 年代，美国国防部各单位的计算机及通讯设备因规格不尽相同，造成彼此间交换信息的困难，妨碍了军事机密信息的传递。除了需要解决这个问题外，美国国防部也针对国家军事防卫系统的联机提出"确保永不断线"的要求，让系统联机不会因为某部计算机故障而无法进行，而这种技术的研发，就是互联网的起源。

想想看，生活中没有了计算机与网络，造成的影响会有多大！通过智能型手机和移动通讯设备，工作不再限制于办公室内；GPS 系统使我们能在陌生的环境依然悠闲自得；只要连上网络，在家就能购物，不必在大卖场人挤人，还能多方比价，甚至买遍全世界！"滑世代"可说是以指尖在过生活，用来打发剩余时光的数字娱乐更是五光十色，应有尽有。

网络的发展为食、衣、住、行、育、乐添入了不同的元素，使生活多姿多彩，我们得以突破时间与空间的限制，运用庞大资源解决生活问题。不过，网络却如双面刃，正确与错误的信息同样因网络而流通迅速，不想传递、不该传递的数据也可能遭有心人蓄意广传。太过于依赖，反而容易遭到网络的制约，造成遗憾。

网络确实能为我们带来更好的生活质量及更多的可能性，但在使用的拿捏上，我们必须拉出一条界线。

不设防的便利之下，潜藏的危机

虽然随时都能自由徜徉于浩瀚的信息之洋，但你可曾理性权衡过，便利的代价是什么？

"电子邮件"让我们可以在弹指之间完成信息的交换，但也协助了病毒的传播。"网络购物"的方便成为非法人士觊觎的目标，产生了"网络钓鱼"的诈骗手法。开设"博客"可在世界的一角为自己发声，却也可能难以掌控公开发言引起的争端，甚至因情绪性的发言而触犯法律。"社交网络"服务网站促进与朋友间的互动，竟成为歹徒搜集个人资料的天堂。"全球信息网"的技术让知识的传播更容易，却助长了网络色情的发展。互联网的技术，可以是知识传播的媒介，也可能应用在各式非法网站的建置。

随着网络发展所兴起的科技犯罪，便是我们所需面对的课题，借由网络而生的许多方便，诱发犯罪丛生。例如成长快速的电子商务，网络购物、网络银行、网络拍卖等虚拟交易中，消费者只要输入账号、密码、信用卡卡号等信息，便可进行金融交易，无须亲自到实体店面。庞大的消费者群体成为非法人士觊觎的目标。

国际间层出不穷的网络诈骗中，通过诈骗网站与诱骗邮件的"网络钓鱼"，是非法人士最常使用的一种手法。歹徒制作与知名网站相仿、几可乱真的假网站，发送伪造的电子邮件，伪装成某银行或重要入口网站，如假借土地银行"landbank"

之名行骗改造成"1andbank"（前者为"L的小写l"，后者为"阿拉伯数字1"）。诈骗信件则以使用者账号有问题、提醒更换密码、账号验证、系统更新、赠送礼物等，防不胜防的各式恐吓与利诱，诱骗使用者登入假网站以获取其信息。由于制作钓鱼网站与发送钓鱼垃圾邮件都相当容易，而且使用者不易察觉，因此成为网络犯罪的大宗，造成大量金融损失。

还有另一种经常发生在个人身上的金融犯罪手法。例如银行账户出现一笔不明消费，而买受人的身份竟是本人，很可能是身份被盗窃了。想象一下，若是出现与你拥有一模一样身份的人，姓名、身份证号、出生年月日、电话、信用卡号码、印章、签名、指纹等，这些代表自己的信息，却有另一个人正使用着，会是怎样的情景？

在数字生活下，身份是虚拟的，我们靠着账号、密码或者一串数码，用以证明身份，所以当身份遭他人窃用，甚至有诈骗取财、申请或盗刷信用卡、贷款、毁谤他人等犯罪行为时，根本无法判断"虚拟身份"所代表的人是真是假。由于网络的匿名性，加上许多人缺乏个人资料保护的概念，尤其是在社交网络服务网站，容易成为犯罪者搜集个人资料的平台。

另一方面，近期成为网友制裁利器的"人肉搜索"，借由为数众多的网友，对新闻事件主角或特定对象、事件进行信息搜集比对，试图找出真相或个人资料。群众在网络时代有了具体的力量，但这样的力量究竟伸张了正义还是侵害隐私，颇有争议，有时更沦为有心人士炒作知名度的手段。

网络真的是免费的吗？

　　网络真的免费吗？在回答这个问题前，我们先讨论另一个问题："一个陌生人付多少钱，你会给他看你的日记？"需要付多少的代价，以了解你的宗教、政治甚至性倾向，或是你的身体状况、交往情形？这些信息是用金钱买得到的吗？实际上，这些看似"无价"的私密信息，却是我们每天大方、大规模提供的信息。

　　网络可说是有史以来与人类关系最为密切的技术，不断推陈出新，功能强大且方便，但在使用的同时，我们也透露出大量个人信息给第三方。我们对于自己所释放的信息几乎毫无意识，我们只专注于更新的功能、更方便的使用方式，而严重忽略我们个人资料的外泄。而在过去，这些数据是企业必须花上百倍甚至上千倍的力量才能取得的。

　　今天，绝大多数互联网的功能都是免费的。我们免费用网络与家人联络、视频通话、看新闻、看影片、收发电子邮件、使用搜索引擎。但实际上，只有少数人知道我们真正的付费方式。

　　每一天，Google 借由亿万个关键词来微调搜索引擎，使他们能更针对性地提供广告；借由小型文本文件"cookie"，企业能清楚了解我们的需求，并从中提供更符合我们需求的产品。过去，企业需要借由无数次的电话访问、问卷调查，才能勉强得到些不一定正确的数据，但现在，所有网络的用户却选择将自己的个人资料完全双手奉上而不自觉。

韩国电视剧《幽灵》中有一段引人深思的情节：知名女星从大楼坠下死亡，搜查队借由死者的搜寻关键词，推测出女星可能怀孕，并从中找出调查的方向。看似平常的搜寻关键词，却可能藏有我们心中的秘密。每个人都有不愿与人分享的秘密，但在使用搜索引擎时，却可能完全没有戒心。电影《失控的陪审团》中，军火商的辩护人因掌握陪审团的隐私，进而影响判决结果。假设你不幸染上艾滋病，你是否敢让其他人知情？你是否愿意告诉你的伴侣、朋友或父母？不论愿不愿意，一旦使用 Google 搜寻相关信息，"鸡尾酒疗法""AIDS""艾滋病""医院快筛"等关键词，就足以令不能说的秘密泄漏出来。

使用计算机与智能型手机时，我们以为我们是在安全、私密的空间里，但实际上只要使用网络，我们永远是处于开放的空间。每一天，我们用我们个人的隐私作为货币，来换取网络的"免费服务"

我们需要真正意识到目前正发生在我们身上的隐私问题。并非就此远离或摧毁网络，而是必须了解免费的代价，意识到风险与机会是并存的，水能载舟亦能覆舟，真正去认识网络定义隐私、个人空间及"人"的方式。科技终究是身外之物。人，才是根本。

在这层意识之下，也就会深切思考在危机四伏的网络环境中守住个人的秘密、安全传递信息的必要性，而这也正是"密码学"的意义所在。从个人账号密码的秘密、身份的秘密、私密相簿的秘密，甚至大如战争的秘密、外交与军事的秘密……一旦遭人窃取或揭露，后果都不堪设想。

　　无论过去、现在、未来，也无关传统与科技，都需要最高等级的安全与保护，必须保有永恒以及唯一的"秘密"，会是一切看似免费、公开，容易流于虚实难辨、价值混淆的数字时代，最重要的课题。

第 1 章

迟来二十年的情书

绳结/罗马数字系统/
古巴比伦数字系统/阿拉伯数字系统

想了解一个人，最直接的方式或许就是面对面、开诚布公地说出彼此内心的想法；但如果其中一方总是闪躲，甚至早已无法触手可及，那又该怎样了解对方呢？

麒哥迈着有些不灵活的腿，打开家门。家里空无一人。他不意外，儿子阿智应该已经去上课了；就算是假日，也很少待在家里。麒哥把沙发上的杂物堆到一旁，给自己挪了个位子坐下，一抬眼，刚好看到放在柜子上的照片：那是阿智小时候全家一起出游时拍的。那时候，他的脚还没跛、妻子还在世，这个家仍然幸福美满又安康……

一场车祸，让麒哥差点再也站不起来。虽然拼命复健，可惜效果不如预期，好不容易存下的一点积蓄，也因为住院的缘故花得差不多了。麒哥一向充满自信，受到的打击也更深，整个人变得意志消沉，开始封闭自己的内心，无论谁劝都没有用。妻子除了要照顾阿智、照顾麒哥，还要照顾店里的生意，在分身乏术、心力交瘁之下，年纪轻轻便撒手人寰。

麒哥完全无法接受这个打击。他和妻子是大学社团的同学，感情一向好到叫人又羡又妒。他们一毕业就结婚，而麒哥决定自己开店创业时，妻子也从来没有任何怨言。谁都没想到，以为会一直美满下去的家庭，竟然接二连三遭到厄运侵袭。

整理妻子遗物时，麒哥发现妻子留了一封信给他，但内容只是一连串莫名其妙的英文字母，他左看右看，怎么想都想不透怎么回事。妻子想对他说什么呢？是怨恨他让全家陷入不幸吗？是责备他没有尽到为人夫和为人父的责任吗？为什么要用这种看都看不懂的方式写呢？

为了好好扶养阿智成人，麒哥把店关了，盘下一间早餐店，希望能有更多时间陪伴孩子。只是他心里始终带着对妻子的歉疚、对自己不争气的痛恨、解不开密码信的挫败，以及许多复杂难解的情绪，一静下来，就觉得空气沉闷得几乎让人窒息。于是他开始用酒精麻醉自己。虽不到误事的程度，但是看在渐渐成人的阿智眼里，却让他担心得不得了。

对阿智来说，麒哥其实是个温柔的好爸爸，只是一沾了酒就像变了个人似的；而且只要提到"妈妈"和"戒酒"，爸爸马上就会暴走发火。随着年龄渐长，阿智有了自己的生活圈，也懂得回避冲突，而且他讨厌看到爸爸喝酒的样子，干脆眼不见为净，减少待在家里的时间。

麒哥在沙发上坐了一会儿，站起身来，想到厨房倒杯水，眼光瞄到饭厅桌上的一封信，上面写着"给爸爸"。

麒哥满脑子疑问，打开了信。"又是密码！"他大吼出声，"你妈写密码信给我，连你也这样搞我？"麒哥正想把信揉进垃圾筒，但他心念一转：他已失去了妻子，失去问清那封密码信的机会，难道他要再一次错过儿子吗？

麒哥拿着那封密码信研究了半天，一两个小时过去，依然理不出头绪。这时电话响起，是麒哥的中学同学、几十年的死忠兼换帖，而且也是妻子的大学同班同学——法老王。自从麒哥家发生变故后，法老王就一直很努力地想让麒哥走出自己的壳，不但时常帮麒哥照顾家里，也经常打电话约他出门走走，就是不想让麒哥和酒太亲密。

"又走走啊？你没看我的脚，这副德性还能走到哪里去？"麒哥打趣说着。他突然想到，法老王不是在大学里教数学吗？说不定他可以帮忙解开阿智留下的密码信！

一进法老王的家，麒哥就迫不及待地拿出阿智的信："快点帮我看看！"

那封信是这样的：

"88：8179，7954，88179，8437，94320，0506，1.181，1.91817，88520。"

法老王接过那封写满数字的信，看了一会儿，又若有所思地看了麒哥一眼。

"阿智说什么？"

"你儿子爱你啦。"法老王摆摆手。

"我不信，写那么多数字耶；而且……"麒哥眼神一暗，"他才不会说这么肉麻的话。"

"唉！"法老王叹了一口气，"我可以跟你说阿智写什么，但是你要答应我，不准生气、不准骂人、不准发火、不准掀桌子。"

"好，我答应你。"看着一脸认真严肃的老友，麒哥意识到儿子可能写了什么很重要的内容。

法老王清了清喉咙。"阿智说：**'爸爸：不要吃酒，吃酒误事，爸爸一吃酒，不是伤妻，就是伤儿女，动武动怒，一点也不要，一点酒也不要吃，爸爸我爱你。'**"他把信折好，还给麒哥，"所以我说你儿子爱你嘛。"

麒哥一时语塞。他知道自己一直在逃避，但是没想到竟然会让儿子这么担心。也许是因为阿智一讲到戒酒他就生气，才会用这么迂回的方式，希望能让父亲了解他的用心。

"你怎么看得懂？"麒哥有些惭愧，但也好奇法老王怎么能一眼就看出儿子信上的内容。

"阿智真的是她的儿子。"法老王笑了笑，"还记得吧，你老婆从前就很喜欢玩藏密解密的游戏。"

"我们念文科的一看到数字就头痛，哪晓得这些。"麒哥苦笑。

"不过数字不但很实用，也很美喔，如果有机会重新认识它们，你就不会这么排斥了，说不定还会爱上它们呢。"

"拜托，怎么可能？"麒哥白眼差点翻到后脑勺。

"你天天都在用数字解决大小事情，没有它，世界根本没办法运转。喏，上次找你去买东西的时候，你一看到打折的东西就黏住不动了。"

"哈！做人就是要精打细算啊，那天买了两提卫生纸，打完八五折之后一提才一百元（台币）出头耶，很划算呢！"

"你看，'八五折'不就是数字的运算吗？"法老王指指桌上的计算机，"你应该知道计算机是 0 和 1 构成的吧。"

"这我当然晓得，不过我想一般人顶多就是算算买东西花了多少钱之类的吧，那种很难的数学根本派不上用场。"

"这样讲是没错啦，但事实上，古人对数字的依赖，可是远远超乎我们想象的喔。"法老王走到计算机前，在键盘上敲了几下，按按鼠标，随即出现检索页面：

密码小教室 🔍

结绳的时代

试着想象一下，身处在还没发明文字与数字符号的时代，该怎样知道今天是几月几日、几点出门、什么时候回家呢？某村落的甲要到另一村落拜访乙，甲如何计算走到乙的村落需要几天时间？或者彼此应约定几天后见面，两人才能如期碰面？

历史告诉我们，在没有文字与数字的时代，人们靠着在绳子上打结来计算数字。若甲要计算从自己的村落走到乙的村落需要几天时间，要怎么办到呢？其实很简单，只要甲每走一天就打一个结，等走到乙的村落时，绳子上所打的结数，就代表甲到乙村落所需的天数；如果甲与乙约定七天后见面，彼此就拿着绑上七个结的绳子，每过一天，就解开一个结，当绳子上所有的结都解开时，就是见面的日期到了。这样是不是很聪明的做法？借由绑上绳结的方法，可用来计算和记忆数字，也让甲和乙很清楚知道要见面的时间。

由于绳结是个相当简单方便的方法，因此普遍应用在生活上。考古发现，许多古文明都有绳结的踪迹，其中最为人津津乐道的就是南美洲印加人所使用的奇普（Quipu 或 Khipu）。印加人使用的绳结系统相当复杂，也相当发达，他们利用绳子的颜色变化与绳结的数目多寡，来代表不同的涵义，此外还会在一条主绳上系上数量庞大的副绳，但至今仍无法破解其涵义，是许多学者专家待研究的疑问。

古时候的中国也是利用绳结来计数，《易经》上记载："上古结绳而治，后世圣人易之以书契。"证明中国有绳结上的应用。

除了绳结的方法外，还发现通过利器在石头、贝壳、骨头上刻画符号用来计数的方式，而在发明了文字与数字之后，绳结和其他刻画符号的计数方式渐渐被文字和数字取代，甚少使用了。

看完之后，麒哥忍不住心想："不会吧，连算日子都这么麻烦，还好现在有日历和手机，一看就知道今天几月几日了。"

法老王又点选另一个检索页面。"就算再怎么讨厌数学，你至少也知道什么罗马数字、二进制、十进制、十六进制之类的东西吧，而且很多古文明都有自己的计数系统；虽然很多都没留下来就是了。"

密码小教室 🔍

数字系统

　　我们现今所使用的阿拉伯数字，并非一开始就被所有人所使用、接受，在过去的许多古文明中，其实早已发展出属于自己的数字系统。之后随着贸易的兴盛，带动了知识的交流，才有了我们现在所使用的阿拉伯数字。

1. 罗马数字系统

　　罗马数字系统是大约在公元前 9 世纪由居住于意大利半岛的古罗马人所创造的，他们把罗马数字应用在生活所需的计数问题。尽管古罗马已不存在，但这一套罗马数字系统如今依然常见。

　　罗马数字总共有七个符号，分别是 I、V、X、L、C、D、M。I 表示 1，V 表示 5，X 表示 10，L 表示 50，C 表示 100，D 表示 500，M 表示 1000，下表是罗马数字与阿拉伯数字之间的对照。

罗马数字	I	II	III	IV	V	VI	VII	VIII	IX	X
阿拉伯数字	1	2	3	4	5	6	7	8	9	10
罗马数字	XIX	XX	XXX	XL	L	LX	XC	C	D	M
阿拉伯数字	19	20	30	40	50	60	90	100	500	1000

罗马数字与阿拉伯数字的对照表

古罗马人用这七个符号来表示其余的数字，并列出相关的规则：

● 出现几次就加几次：例如 I 表示 1，III 则是代表 1+1+1=3。

● 左减右加：一个罗马数字中，出现两个数字以上的数时，以数值高的数字为基准，举 C 值（罗马数字的 100）与 X 值（罗马数字 10）为例，因 C 值较 X 值高，故以 C 为基准，若 X 在 C 右边者，则两数相加（CX 表示 100+10=110）；反之，X 若在 C 值左边，则 C 值减去 X 值（XC 表示 100−10=90）。

在数字上方加上横线，表示数值乘以 1000 倍，如 $\overline{\text{IV}}$ 表示 4×1000=4000。

● 同样的符号最多只能出现三次，例如 40 应该表示为 XL，而不是 XXXX。

罗马数字的创造，替古罗马人解决了不少生活问题，也带来发展，聪明的古罗马人运用数字来管理，通过罗马数字来计算数量，例如计算庄园中的牛羊，或市场上货品的交易数量。不过，虽然罗马数字可以表示数值，但是用来计算却相当不便。

2. 古巴比伦数字系统

古巴比伦文明中最为人所知的莫过于人类史上的第一部法典——《汉谟拉比法典》，以及世上最早的文字——楔形文字。古巴比伦人利用芦苇削尖后当笔，将字刻于泥板中，这些泥板正是后人研究巴比伦文化的重要依据，而学者们在许多出土的泥板上，找到了古巴比伦人所使用的数字系统。

根据研究埃及古籍的数据显示，埃及人数数字是以五进位为基准，因为刚好一只手五根手指头，很方便，如1、2、3、4、5，就五根手指头，那6就是5加1，7就是5加2……但随着要计数的数字越大，单手的五根手指头显得不够用，这时古人便把脑筋动到另一只手，以十根手指头计算，就可补足数字越大造成数数字的不便。这样的做法确实较为方便，而后来文明发展的数学也多有十进制，如中国一五珠的算盘，即为十进制的计数工具。

但是古巴比伦数字有个特别的进位设计，它同时具有十进制与六十进制两种，使用的标准很简单，低于 60 的数字用十进制，60 以上的数字则用六十进制，下表为 1~59 的古巴比伦数字。

1	11	21	31	41	51
2	12	22	32	42	52
3	13	23	33	43	53
4	14	24	34	44	54
5	15	25	35	45	55
6	16	26	36	46	56
7	17	27	37	47	57
8	18	28	38	48	58
9	19	29	39	49	59
10	20	30	40	50	

古巴比伦数字

从图中可以很容易看出，60 以下的巴比伦数字，是按照下面的规则来表示的：

● 出现几次就加上几次，与罗马数字系统的概念相似，9 以下的数字表示如下：

1： 2： 3： 4： 5：

● 若是 10 以上的数字，则加上十进制的数值：

10： 20：

那么 60 以上的数字呢？就要回到我们刚刚提到的，60 以上的巴比伦数字是采用六十进制方式。因此，60 的表示方式依旧是 𒐕 ，而要表示 70 就用 𒐕𒌋 。也可以表示很大的数目，例如：

𒐕　𒌋𒌋　𒌋𒐕　𒌋𒐖

这四个古巴比伦数字，表示为

$1×60^3+20×60^2+11×60^1+15=288675$。

古巴比伦的数字表示方式有个缺点，就是有时无法确定数字所在的位数，因此很容易造成混淆，例如：

𒐕 可以代表 1 或 60。

𒐗 可以表示 3，或是 $1×60^2+1×60^1+1=3661$。

𒐘 可以表示 $2×60^1+2=122$，或是

$2×60^2+0×60^1+2=7202$。

虽然古巴比伦数字没有继续被使用，但是由于古巴比伦在历法、天文上的高度成就，现在许多度量衡还是沿用巴比伦惯用的六十进制，例如一小时有 60 分钟，一分钟有 60 秒，其他如一年有 365 天、一年 12 个月等，这些由古巴比伦人所制定，沿用到现在。

"我问你一个冷知识。"看完与数字相关的历史后，法老王

开口问麒哥，"罗马人发明罗马数字，巴比伦人发明巴比伦数字。那阿拉伯数字是谁发明的？"

麒哥皱皱眉："你当我是笨蛋喔？会问这种问题，就表示阿拉伯数字不是阿拉伯人发明的，但如果不是阿拉伯人的话……呃，我真的不知道是谁，而且如果不是阿拉伯人发明的，为什么要叫'阿拉伯数字'？"

法老王笑了起来。"不错嘛，我还以为你会掉进陷阱里呢。事实上，发明阿拉伯数字的是印度人。至于为什么叫'阿拉伯数字'，那是因为公元 760 年左右，有个印度人跑到阿拉伯去，把《西德罕塔》这本有关天文学的书籍献给当时的阿拉伯国王。国王觉得这本书不错，叫人把书译成阿拉伯文，又发现里面的印度数字还挺好用的，就把它改良了一下，广泛流传到今天。"

"所以其实是阿拉伯国王'好康道相报'（意指利益共享）？"

"没错。阿拉伯人通过战争和贸易，辗转把改良后的印度数字传播到欧洲，取代了欧洲人原本使用的罗马数字，所以欧洲人才会叫它'阿拉伯数字'。"

"而且……"麒哥用手指在掌心画了几笔，"阿拉伯数字跟罗马数字或巴比伦数字比起来，有一个很不一样的地方：罗马数字和巴比伦数字都是由线段组成的，可是阿拉伯数字的笔画都是圆弧。是现在的阿拉伯数字写法已经跟一开始不一样了吗？"

"哇，你今天是开窍了吗，求知欲这么旺盛喔？"法老王故意损了麒哥两句，随即又认真起来，"你的推论没有错，现在阿拉伯数字的写法跟以前不太一样，重点在于'角度'。"

"角度?"麒哥满腹狐疑,好奇地看着法老王在计算机上搜寻。

密码小教室 🔍

阿拉伯数字

我们现今所使用的阿拉伯数字,其实与古时的写法有相当大的差异。实际上,阿拉伯数字的"数"与"角度"有着一定的规则:有一个角度的就是代表数字"1",有两个角度的就是代表"2",有三个角度的就是代表"3"……依此类推。如下图所示,圆点所标注之处就是数字的角度,而"0"很清楚地看出是没有角度的。

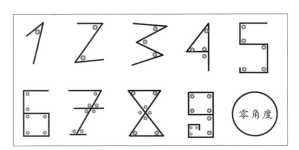

以角度表示的阿拉伯数字

"我从来没想过还有这种典故耶。"

"我也一样。如果不是为了引起学生的兴趣,让他们知道数学背后有趣的小故事,我也不会想到去找这些东西。"法老王挑挑眉，一副"这年头老师也不好当"的表情。

"接下来是我最喜欢跟学生聊的概念。"没等麒哥搭腔，法老王又接着问，"你觉得'0'这个数字有没有什么特别的？"

"0？"麒哥歪着头想了想，"'0'就是'没有'啊，有什么特别的？"

"还好你不知道，不然我就没戏唱了。"法老王又点开网页，"印度人最初发明阿拉伯数字的时候，并不包括'0'；其他的古文明也一样，因为数字的出现主要是帮助人们计数。就像你会说今天买了'5个苹果'，但不会说买了'0'个苹果，或说'没买苹果'。我们的生活中不需要'0'这个数字，所以才一直没发明出来。但如果没有'0'，就没办法处理更复杂的运算，更不要说什么数学理论、微积分、各种工程科学，甚至解开宇宙的奥秘了。"

密码小教室 🔍

你知道吗？

"0"的写法，是于公元 5 世纪由古印度人所发明，之后才被传入欧洲，并一直沿用至今。但实际上，古埃及早在公元前 2000 年就有记载，记账时用特别的符号来代表"0"。

起初，"0"这个符号被引入西方时，曾被认为是"魔鬼数字"，甚至被禁用。因为当时西方人普遍认为所有的数都是正数，而且"0"这个数字的存在会使得很多算式及逻辑不能成立（如除以 0）。直至约公元十五六世纪，"0"和负数才为西方人所接受，进而推动了数学的进展。

"好吧，我承认数字的小故事还挺有趣的，不过要爱上它，应该还早。"听完看完法老王准备的解说，麒哥心情轻松不少，原本的烦闷与苦恼早已烟消云散。

"这样吧，你帮我个忙如何？"法老王起身走到书架前翻了翻，抽出一份资料，"明年我要在大学部开个通识课，来修课的同学应该有很多像你一样，看到数字就想睡觉的人。我想请你来帮我做个'实验'，看看我的课程架构有没有需要调整修改的，也可以看看成效如何。"

"怎么帮？"麒哥接过法老王递来的资料，好奇地翻了翻。

"简单来说，就是我出作业给你，你写完之后我们再来讨论。"

"我才不要。都多大岁数了还写作业？我还有店要顾，而且我真的不喜欢数学。"麒哥一听，连忙拒绝，急着把资料塞回法老王手里。

"你不要拒绝得那么快嘛。"法老王一脸为难，"不然这样好了，之前人家送我一支很棒的麦卡伦威士忌，我自己还舍不得喝。如果你答应帮忙的话，结束后我就把它送给你。"

　　法老王知道自己走的是一步险棋。当然，要看看课程设计有没有问题固然是真的，但如果能借这个机会转移麒哥的注意力，甚至让他找到新的兴趣，那不是更好吗？也许用酒来引诱他并不是什么好主意，不过他心里暗自希望，到那个时候麒哥已经不需要用酒精来麻醉自己了。

　　听到"麦卡伦"三个字，麒哥忍不住顿了一下。高级威士忌的吸引力果然不凡。他想了想，一直以来都是法老王在帮他的忙，就算不看在好酒的分上，也该看在几十年老朋友的分上。如果阿智的密码信是老天给他的机会，那么他是不是应该好好把握、好好修补和儿子的关系呢？

　　"我知道了，就帮你吧；不过话说在前头，我绝对不是看在酒的分上喔。"麒哥终究松口答应。

　　"太感谢了！要是没有你，我还真不知道该找谁帮忙。"法老王顺着麒哥的话说，又把数据塞回麒哥手里。

　　"作业是什么？"

　　"这里面有几个数字。"法老王指着其中一页，"我希望你能去找找看这些数字在科学上、在生活中的意义；冷知识也没有关系。写完之后跟我说，我们再来讨论。"

　　"听起来好像有点难……"麒哥有些却步。

　　"不要太有压力，因为课程是设计给全校学生的，所以越生活化越好。"法老王连忙安抚。

　　"我知道了，我会试试看的。"麒哥点点头。

　　"那么，万事拜托了。"

数字报告

1

● 1 是最小的正整数、奇数、平方数，也是"斐波纳契数"
(Fibonacci number)：1、1、2、3、5、8、13……但却不是质数。

● 在音乐简谱上，1 代表 Do。

● 1 通常是货币基本面额，如 1 美元、1 英镑。

● 计算机使用的二进制系统中，只有 0 与 1 两个数字，通
过 0 与 1 的变化，1 代表高电位，0 代表低电位，造就了计算
机网络的发展。

2

● 2 是唯一的偶数质数，也是"斐波纳契数"。

● 一个数的尾数，若能被 2 整除，即是偶数。

● 人的身体器官很多是成对的，如耳朵、手、脚、眼睛。

● 相加、相乘的结果完全相同：2+2=4，2×2=4。

● 在音乐简谱上，2 代表 Re。

● 图形上，任意不同的 2 点可形成一条直线。

3

● 3 是一个三角形数。三角形数指的是：一定数目的点在等距离的排列下，可形成一个等边长的三角形。例如 3 个点可以组成一个等边三角形，因此 3 是一个三角形数。

● 化学元素表中，锂的原子序数为 3。

● 音乐简谱上的 3 代表 Mi。

● 眼睛所见的大部分颜色是由 3 种基本色（3 原色）混合形成，因为我们的眼球有 3 种视锥细胞。

● 几何学定理中，3 个不共线的点可形成一个平面。

● 判断某数是否为 3 的倍数时，可将该数的数字相加算出总和，若为 3 的倍数，数字必定可被 3 整除。例如 123，1+2+3=6，为 3 的倍数，123÷3=41，余数为 0，因此 123 为 3 的倍数。

4

● 4 为一个平方数，因为 $2^2=4$，而 4 的倍数都是两个数的平方差，它的表示式为 $4a=b^2-c^2$。

● 判断是否为 4 的倍数时，可观察数字末两位是否为 4 的倍数，末两位数若为 4 的倍数，则此数必为 4 的倍数。例如：364，末两位数 64 能被 4 整除，就可得知 364 也必为 4 的倍数。

● 音乐简谱上的 4 代表 Fa。

● 4 是自然数中第一个不是斐波纳契数的数。

● x 轴与 y 轴垂直交叉可形成 4 个象限（正正、负正、负负、正负）。

● 4 维空间：长、宽、深度、时间。

5

● 5 是一个质数，由于其他以 5 为个位数的数字都是 5 的倍数，因此 5 是唯一以 5 为个位数的质数。

● 音乐简谱上 5 代表 Sol。

● 5 通常是货币基本面额，如 5 美元、5 台币。

● 英文 "Give me five" 表示击掌，有欢呼、胜利、打招呼的意思。

● 五行思想：木、火、土、金、水为万物的根本。

6

● 6 是一个"完美数"，指的是某一数 n，其因子（除去自身）加总和为其数 n 本身。6 的因子 1、2、3、6，除去本身加总的和为 1+2+3=6，因此 6 是一个完美数。

● 6=1+2+3，所以 6 是"三角形数"。

● 数字和为 6 的倍数者，该数字为 6 的倍数。例如

1944，1+9+4+4=18，18 为 6 的倍数，所以 1944 为 6 的倍数。

- 蜜蜂以正 6 边形的几何图案来建筑蜂巢。
- 化学元素表中，碳的原子序数是 6。
- 音乐简谱上 6 代表 La。

7

- 7 为除数时，小数点后的数字会不断重复，例如：

$$\frac{1}{7}=0.\overline{142857}, \quad \frac{2}{7}=0.\overline{285714}, \quad \frac{3}{7}=0.\overline{428571}$$

- 化学酸碱度的检验中，pH=7 者为中性。
- 音乐简谱上 7 代表 Si。
- 古代将北斗七星视为黄帝的象征。

8

- 数字的末三位为 8 的倍数者，必为 8 的倍数。例如 1544，544 能被 8 整除（544÷8=68），可得知 1544 也必为 8 的倍数。

- 化学元素表中，氧的原子序数为 8。
- 太阳系有 8 大行星：水星、金星、地球、火星、木星、土星、天王星及海王星（冥王星在 2006 年降为矮行星）。

9

● 判断某个数是否为 9 的倍数，可将数字相加算出总和，若数字和为 9，则为 9 的倍数。例如 207，2+0+7=9，能被 9 整除，所以能确定 207 为 9 的倍数。

● 化学元素表中，氟的原子序数为 9。

● "九九重阳"取谐音"久久"的长久、长寿之意，定农历九月九日为敬老节。

10

● 阶乘 10! =3! 5! 7!，10! 等于三个奇数 3!、5!、7! 相乘。

● 10 是三个质数的总和（2+3+5=10）。

● 10 通常是货币基本面额，如 10 美元、10 台币。

● 一个数的个位数为 0 时，这个数就可以被 10 整除。

● 古代历法中，有 10 个天干（甲、乙、丙、丁、戊、己、庚、辛、壬、癸）。

11

● 化学元素表中，钠的原子序数为 11。

- "11 路公交车" 是指用双脚走路。
- 11 月 11 日为台湾地区的双胞胎节。

12

- 12 也等于 1!、2!、3! 这三个阶乘相乘。
- 12 个俗称为 "一打"，为常见的数量计算单位。
- 古代历法中，有 12 个地支 (子、丑、寅、卯、辰、巳、午、未、申、酉、戌、亥)。天干地支配合在一起，就形成了 60 循环的纪年、月、日方法。
- 化学元素表中，镁的原子序数为 12。
- 电话有 12 个按键：1、2、3、4、5、6、7、8、9、0、#、★。

13

- 化学元素表中，铝的原子序数是 13。
- 西方人对 13 有很深的忌讳。缘于两种传说：

其一，传说耶稣受难前和弟子们共进了一次晚餐。参加晚餐的第 13 个人是耶稣的弟子犹大，而犹大为了 30 块银元，便将耶稣出卖给祭司长，使得耶稣被钉上十字架。参加最后晚餐的是 13 个人，晚餐的日期又恰逢 13 日，"13" 给耶稣带来了苦难及不幸。因此，"13"被认为是不幸的象征。"13"也变成背叛和出卖的同义词。

其二，西方人忌讳"13"源自于古希腊。希腊神话中记载，在哈弗拉宴会上，共有12位天神出席。宴会中，烦恼与吵闹之神洛基不请自来，而他刚好是第13位客人，他的到来使得天神宠爱的柏尔特送了性命。

14

● 在化学的酸碱度检验中，pH值最高为14。

● 2月14日是西方情人节。

● 化学元素表中，硅的原子序数是14。

● 依据"中华民国法律"，未满14岁的人触犯法律，不罚，但可施以感化教育。

16

● 中国象棋中，双方各有16颗棋子，分别为将（帅）、士（仕）、象（相）、车（車）、马（馬）、炮（炮）、卒（兵）。

● 计算机系统进位制中，常使用16进位。

● 化学元素表中，硫的原子序数是16。

● 半斤八两，古代一斤16两。

18

● 依照"中华民国法律"，18 岁为成年，需为自己行为负责，已无减轻或不罚的规定。

● 佛教认为地狱共有 18 层，每层都比上一层痛苦 20 倍。

● 佛教有 18 罗汉，为佛祖弟子，负责弘扬佛法。

● 18 的十位数与个位数相加为 9，刚好是 18 的一半。

● 18K 金为黄金饰品的一种规格。

20

● 化学元素表中，钙的原子序数是 20。

● 20 通常是货币基本面额，如 20 美元、20 港币。

● 正多面体的面数，最多为正 20 面。

21

● 21=1+2+3+4+5+6，是一个三角形数，而一般骰子点数的总和也是 21。

● 扑克牌游戏的 21 点，以两张牌的总和为 21 者最大。

23

● 人类的细胞中，有 23 对染色体。

● 美国职业篮球联盟（NBA）明星迈克尔·乔丹的球衣号为 23。

● 日本东京分为 23 区。

● 以概率来说，一群人的人数若达 23 人，有两人生日同一天的概率就会大于 50%。

24

● 我们的农历依据太阳在黄道上的位置，将一年分为 24 节气：立春、雨水、惊蛰、春分、清明、谷雨、立夏、小满、芒种、夏至、小暑、大暑、立秋、处暑、白露、秋分、寒露、霜降、立冬、小雪、大雪、冬至、小寒、大寒。24 节气让农民得以在合适的季节种植各种作物。

● 24K 金通常表示纯金。

26

● "2266" 是台湾话谐音，零零落落的意思。

● 26 的立方数，26^3=17576，将这些数字加起来，1+7+5+7+6=26，实在是相当奇妙。

28

● 28 的因子（除去自身）加起来也等于 28，1+2+4+7+14=28，因此 28 为一个完美数。

● "二八年华"形容年龄十六岁的少女。

● 中国星宿数目为 28，分别为角、亢、氐、房、心、尾、箕、斗、牛、女、虚、危、室、壁、奎、娄、胃、昴、毕、觜、参、井、鬼、柳、星、张、翼、轸。

● 28 刚好是五个质数的总和，28=2+3+5+7+11。

● 1+2+3+4+5+6+7=28，因此 28 是个三角形数。

30

● 子曰："吾十有五而志于学，三十而立。"

● "饥饿 30"是世界展望会举办的活动，让参与者感受饥饿，并为非洲饥民募款。

72

● 72 是四个连续质数的总和（72=13+17+19+23），也是六个连续质数的总和（72=5+7+11+13+17+19）。

● 72 等于两个连续质数的平方差（72=11^2−7^2=19^2−17^2）。

● 在《西游记》中，孙悟空会 72 变，引申成语为变化多端的意思。在《水浒传》中，故事主角 108 条好汉，是由 36 颗天罡星和 72 颗地煞星转世的。

● 72 是两个质数的差，31469−31397=72。

101

● 101 是质数，也刚好等于连续五个质数的总和（13+17+19+23+29）。

● 101=5！−4！+3！−2！+1！。

● 《101 斑点狗》是著名的迪士尼动画片。

● 台北 101 是台湾地区的地标，总共有 101 楼层。

666

● 666 为连续七个质数平方总和（2^2+3^2+5^2+7^2+11^2+13^2+17^2）。

● 666 是一个三角形数，是 1 到 36 的总和。

● 赌场的轮盘数字为 0 至 36，因此刚好轮盘上数字的总和为 666，也叫作魔鬼轮。

● 6 在中国因为发音与"禄"相似，因此是个吉祥的数字，"六六大顺"就是我们常说的吉祥话。

911

● 911 是美国与加拿大的紧急求助电话，在亚洲，包括中国台湾地区、日本，则为 119。

● 911 是三个连续质数的总和（293+307+311）。

● 2001 年 9 月 11 日，基地组织发动 9·11 恐怖袭击事件，在美国本土进行一系列的恐怖自杀式攻击。主谋奥萨马·本·拉登于 2011 年 5 月在巴基斯坦遭美军逮捕击毙。

无限符号 ∞

● ∞ 这个符号是表示无穷或无限的意思。

● ∞ 并不是真的数字，而是一个概念。

● 动画电影《玩具总动员》主角之一巴斯光年的口头禅是："飞向宇宙，浩瀚无垠（To infinity and beyond）!"

●《庄子》记载了惠施与人辩论的一个题目，"一尺之棰，日取其半，万世不竭"，正是属于无穷小的概念。

● 中国古代的数学家刘徽，利用圆内接正多边形的面积，来计算圆面积，把多边形的边数逐渐加倍，算出的面积就与圆面积越来越相近，称为"割圆术"。这是利用无穷分割的概念。

第 2 章

独一无二？孤芳自赏？

质数与合数/质数的个数/梅森质数/
费马质数 1231/中国剩余定理/摩斯密码

　　法老王捧着麒哥的第一次作业，仔细读了一会。虽然回答的字数不多，但是看得出来他并没有敷衍了事。想了想，他随手抓起一支笔，把"2""3""5""7""11""13""23""101"和"911"几个数字圈了起来，然后再递回给麒哥。

　　"说句实在话，你如果真的是我的学生，看到你的作业，我一定会很感动。"法老王看到麒哥脸上露出有些害羞的表情，"看看我圈起来的这些数字。你知道它们有什么共通性吗？"

　　"共通性？"麒哥端详着。奇数？不对，"2"不是奇数啊，而且还有很多奇数没有圈起来。那么它们的共通性会是什么呢？

　　"你一定知道答案，只是需要一点点提醒……"法老王并不想太快告诉麒哥谜底，"提示是：它们都很孤独。"

　　孤独？坦白说，麒哥完全不觉得这是什么好提示。孤独的数字？孤独……啊，对了，他知道了！

　　"我知道了，它们都是'质数'；不过你那是什么提示，文绉绉的。"

　　"还不是怕你一听到数学就头痛，而且你不觉得这个提示很有哲理吗？你应该还记得以前学过关于质数的性质吧！没有其他因子，除了一，只有自己，不是孤独是什么？"

　　"好啦好啦，"麒哥敷衍了两句，"现在已经知道它们是质数了，然后呢？"

　　"你也太不给面子了吧！"法老王苦笑着，"以前我们上数学课的时候，有讲到数字可以分成'质数'和'合数'两种。质数就像刚刚说的，除了一以外，没有其他的因子，也就是没办法被其他大于 1 的正整数整除；至于'合数',就是除了 1 和自己之外,还有其他的因子。"

"为什么要特别讲质数？它有什么重要的地方吗？"

"你讲到重点了。"法老王弹了下手指,"千万不要小看质数,它们因为孤独,所以也很特别。对现代社会来说,质数可是跟密码、网络安全保护息息相关喔！"

"密码？"麒哥很自然地想到那天阿智所写的密码信。

那天请法老王帮忙解开阿智的密码信后,麒哥找了个机会和阿智稍微聊了一下；这或许是父子俩这么多年来第一次深谈。麒哥很清楚,多年来的疏离无法一下子就拉近距离,但至少要让阿智知道,自己不是不爱他,只是一直没有机会,也不知道怎么把心里的话说出来。如果真的有一天,父子俩可以无话不谈,那么到了那个时候,相信他们就不会再需要用密码来隐藏真正的信息了吧……

法老王发现麒哥突然走了神,虽然不确定他在想什么,不过对老师而言,看到学生在课堂上恍神可是一大打击……

"嗨！阿麒,你知道 1 到 100 之间有多少个质数吗？"法老王丢出问题,呼唤麒哥回神。

"嗯？1 到 100 的质数吗？"麒哥回过神来,就像以前念书时打瞌睡被老师抓包一样,露出不好意思的微笑,抓抓头,"你刚刚圈的那些数字有七个,还有……17、23、29……"数字越大,就越不容易判断是否为质数。

迟疑了一阵:"23 个……吗？"麒哥完全不确定自己的答

案是否准确。

"答案是 25 个。"果然,法老王瞥见麒哥脸上的失望,"你应该也觉得数字越大,越难确定它是不是质数,对吧?事实上,有人为了想知道哪些数字是质数,研究出发现它们的公式喔!"

"质数还可以用公式算?"

"古人是不是很无聊?"法老王大笑,"而且,他们不但找出判定是否为质数的公式,还有人证明出质数的数量喔!"

"质数的数量?想也知道是无数个啊!数字没有最大,只有更大,质数应该也一样吧!"麒哥觉得好奇。

"你说得没错,但重点在于:要怎么证明这个说法是正确的?"

"我找个东西给你看。"法老王走到计算机前敲了几下,点开其中一个网页,"这是很有名的一个证明,欧几里得利用严谨的论证,证明质数有无穷多个。我觉得这是数学最厉害的地方:用几条公式或几个证明,把很复杂的事情讲清楚。"

密码小教室 🔍

质数有无穷个

假设质数为有限多个,所以会有一个最大的质数,依序为 2、3、5……P_n,其中 P_n 为最大质数。

令 $Q = 2 \times 3 \times 5 \times 7 \times \cdots\cdots \times P_n + 1$。

① Q 若为质数：

由假设知质数为有限个，且最大质数为 P_n，$Q=2\times3\times5\times7\times\cdots\cdots\times P_n+1$，$Q$ 为质数且又大于质数 P_n，产生 Q 若为质数但 P_n 已是最大质数的矛盾。

② Q 若为合数：

由合数的定义可知，在 1 及本身之外，Q 有其他的因子，而 $Q=2\times3\times5\times7\times\cdots\cdots\times P_n+1$，$Q$ 又无法被因子 2、3……P_n 整除，因为皆有余数 1，产生 Q 若为合数但无法有除了 1 和本身外的因子的矛盾。

换言之，命题假设质数为有限个不成立，也就是说质数为无穷多个。

"知道质数有无数个之后，我们要来看看'怎样找出质数'。"法老王说。

"对喔，刚刚你说 1 到 100 的质数有 25 个，我想知道另外那两个是什么。"麒哥很好奇，自己究竟漏了哪两个。

"你记不记得我们以前放学去溪边'摸蚬子'的事情？"

麒哥点点头："记得。每次都摸到全身脏兮兮的，回家还被骂。"

"找质数的方法有很多，其中一种跟'摸蚬子'很像喔！"法老王故作神秘。

"真的假的？"麒哥不敢相信，"那是怎么个'摸'法？"

"摸蚬子的时候，我们不是都会把泥巴放进网子里，然后在水里摇几下，把泥沙筛掉吗？蚬子因为比网子的洞还大，所以就会留在里面。2000 多年前，有个叫埃拉托斯特尼的数学家，用了类似网子的方式，把不是质数的数字筛掉。"法老王边说，还边摆出摸蚬子的手势，唱做俱佳。

"嗯……我还是不太懂啊。"麒哥皱起眉，难以想象怎么用网子"筛"掉数字。

"简单来说，埃拉托斯特尼用的是一种土法炼钢的办法。"法老王拿起纸笔，写上 1 到 100 的数字，"我们先想想看质数的定义：除了 1 和自己之外，没有别的因子。接下来……把 2 的倍数、3 的倍数、5 的倍数、7 的倍数……一个一个拿走，最后留下来的就是质数了。"一边说着，法老王一边动手在纸上打叉，再把结果递给麒哥。

麒哥仔细地数了数。"真的是 25 个耶。不过这个方法会不会太麻烦了一点？如果范围更大，那要数到什么时候才数得完啊？"

"没错，我们总不能每次都要拿纸画个老半天，所以后来又有很多数学家想出很多办法，其中比较有名的是 17 世纪初法国数学家兼神父梅森提出的，用这条公式找出来的质数称为'梅森质数'。"

法老王在空白处写下一条短短的公式："质数 $P = 2^n - 1$"，还补了一句："n 也必须是质数。"

麒哥不敢相信："就这样？"

"没错。不过从埃拉托斯特尼一直到梅森，这条公式可是花了 1700 多年才终于问世的喔！"

麒哥也拿起笔，一个一个把数字代进去算，还出动计算器帮忙。"真的，这样算出来的数字都是质数耶……咦？"

"怎么了？"法老王把头凑了过去。

"你看，$2^{11}-1=2047$，但是 2047 不是质数耶。"麒哥用计算器按了几下，"它可以被 23 整除。"

"喔？没想到你这么快就发现这条公式的'bug'了。"法老王喝了两口茶，"用这条公式来找质数的确很简单，不过问题是，用它找出来的数不一定真的都是质数。"

"这样有什么用？算出来的又不一定对。"麒哥叹了一口气。

"虽然梅森的公式有'bug'，但是他的研究却为后人开展了新的可能性。现在数学界仍然用梅森的这条公式设法找出更大的质数。2013 年 2 月找到了第四十八号梅森质数，是个 1700 多万位数的庞大数字，距离上一个梅森质数发现的时间，已经隔了四年半呢。"

"可是找出那么大的数字有什么用啊？"麒哥觉得奇怪，不过就是找出更大的数字啊，值得花这么多时间吗？

"刚刚也说过了，质数其实跟密码、跟网络安全有很深的关联性，就是因为它们不能再做因子分解，所以才能用来当成保护机制。"法老王知道现在跟麒哥说这些言之过早，毕竟加密演算并不是三言两语就能说清楚的事。

法老王不管麒哥一脸狐疑的表情，接着又说："另外还有一条用来找质数的公式，长得跟梅森的公式很像，而且发明这条公式的人年代也跟梅森差不多。这个人叫'费马'，他有'业余数学家之王'的称号，他用来找质数的公式是这样的……"法老王动手在纸上写下一条公式："$P = 2^{2^x} + 1$。"

"长得好奇怪喔！次方上面还有次方。"

法老王拿来另一张纸，飞快在纸上写下几条公式：

$x=0$ 时，$P_0 = 2^1 + 1 = 3$；

$x=1$ 时，$P_1 = 2^2 + 1 = 5$；

$x=2$ 时，$P_2 = 2^4 + 1 = 17$；

$x=3$ 时，$P_3 = 2^8 + 1 = 257$；

$x=4$ 时，$P_4 = 2^{16} + 1 = 65537$；

$x=5$ 时，$P_5 = 2^{32} + 1 = ?$

"你看看。"法老王指指纸上的公式，"当 $x=0$、1、2、3的时候，因为数字不大，很容易检查答案是不是质数，$x=4$ 的时候，虽然数字看起来有点复杂，不过在那个时代也还算得出来。但是 $x=5$ 的时候，得到的答案却不是质数，这一点在当时并没有检查出来。"

"为什么？"

"因为那个时候没有计算器，也没有计算机啊！"麒哥单纯的问题让法老王笑了出来，"现在只要按按计算器，就知道2

的 5 次方等于 32，所以 2 的 2 次方的 5 次方等于 2 的 32 次方。可是如果要用笔算，应该会算到手软吧，而且还不一定对，因此，费马自己检查到 $x=4$，发现前四项的答案都是质数，就很放心地推论只要用这条式子算出来的答案，全都会是质数。"

"所以根本是个美丽的错误？"麒哥突然有种"白忙一场"的感觉，"怎么这两个人的公式都有问题？既然有错，为什么他们的名声还可以流传到现在，而且……好像还很重要？"

"可以这么说。不过对科学来说，提出一个理论很重要，证明这个理论是真的或假的更重要。比如第一个证明费马这条质数公式的人，是 18 世纪的瑞士数学家欧拉，他的著作很多，算是近代数学的一位先驱。他就证明了费马这条公式中，当 $x=5$ 的时候，得到的答案是 4294967297，而它可以分解成'641'和'6700417'两个因子。后来有了计算机，运算的速度和准确度也都大大提升了，而不管 $x=5$，还是 6、7、8……算出来的结果都不是质数。"

"你从刚刚就一直说质数跟密码跟安全有关，到底是'有关'在哪里啊？你看，你接连说了梅森质数和费马质数的故事，可是这两条公式都有缺陷，这样我还是不知道质数的重要性在哪里啊！"麒哥听故事听得有点晕头转向。

"也对，虽然他们两个在科学史上都是非常重要的人物，不过从这两个故事听起来，好像不是很厉害的样子。这样吧……"法老王沉思了一会儿，"我就用一个你可能比较熟悉的典故来说明质数对保密的重要性吧。"

给秘密加把锁

"喔？那就洗耳恭听啦！"麒哥啜了口茶，调整了一下姿势。

"楚汉相争的故事你应该很熟吧？"法老王劈头就问。

"不敢说很熟，就算以前很熟，现在也该忘光了啦。"麒哥搔搔头。

"没关系，我应该不比你熟多少。"法老王大笑两声，点开网页，"所以还是交给谷歌大神（Google）来协助比较可靠。"

密码小教室 🔍

韩信点兵

韩信平日研读兵法，熟习用兵技巧。满怀壮志的韩信打算投靠当时声势如日中天的项羽。殊不知，千里马未遇伯乐，韩信并未受到项羽重用。苦无发挥自己所学的机会，韩信毅然投向敌营刘邦的门下，却又是同样的命运，志气难伸的韩信，愤而离开刘邦。

所幸刘邦的亲信萧何看出韩信是一名大将，定能帮助刘邦，极力向刘邦举荐韩信，说服刘邦重用韩信必能一统江山。在萧何的帮助下，韩信终能如自己所愿与刘邦一起讨论用兵策略。韩信的建言使刘邦为之惊艳，于是即刻命韩信为元帅，将旗下的军队交给韩信指挥。韩信果然不负所望，率领军队攻占各方城池，并在楚汉相争的最后一役，协助刘邦将项羽围困在垓下，项羽认为自己无颜见江东父老，最后选择在乌江边自尽，刘邦得以统一天下，建立汉朝。

韩信帮刘邦统一江山后，刘邦理应给予韩信相当的重赏，但却非如此。刘邦反倒害怕韩信有了兵力后会趁机造反。在一次宴席中，刘邦刻意询问韩信兵力的状况，韩信一听便知晓其言外之意。依刘邦的个性，据实以告可能为自己招致不测，但不回答，恐刘邦担心他企图造反。韩信为了摆脱刘邦的追问，想出了一个避重就轻的回答："我不知道我总共有多少士兵，我只知道三个一数会剩两个，五个一数会剩三个，七个一数会剩两个。"刘邦听了之后一头雾水，连在旁的军师也算不出总共有多少兵力，韩信凭着过人的机智，逃过一劫。

"韩信其实就是用了'质数'来帮自己逃过一劫的。"法老王说。

"我看出里面的'三个一数''五个一数'和'七个一数'都是质数，这又有什么特别的吗？"

"中国剩余定理。"法老王说。

"中国剩余定理？"

"或者，你可能还有印象，以前的课本叫它'余式定理'。"

"喔。"麒哥一脸恍然大悟，"我听过，但不太记得了。"

"简单来说，韩信的兵力总数就是同时可以满足'除以3，余2''除以5，余3''除以7，余2'这三个条件的数字，"法老王在纸上用简单的符号将韩信的说明化为算式，"而且看起来刘邦的算术不太好，心思倒是转得很快，所以一听到韩信跟他卖弄玄虚，就知道暂时还不能动这个人。"

"原来如此。"

"事实上，只要所有除数彼此'互质'，就可以用中国剩余定理来计算了。"

"互质？"麒哥觉得自己好像在哪里听过……

"其实这个名词我们很久以前就学过了，只是因为后来都没用到，你才会觉得很陌生。"法老王解释，"所谓的'互质'，就是两个或两个以上的正整数，它们除了1之外，没有其他的共同因子，也就是'最大公因子'为1的意思。"

"所以即使它们不全是质数也可以吗？"麒哥有些好奇。

"这个问题很好。"法老王露出赞许的表情，"没错，就像你说的，比如'3''4''7'这三个数字，虽然'4'不是质数，但因为这三个数字的最大公因子是1，所以可以说它们'互质'，还是可以应用中国剩余定理。"

法老王接着把他刚刚在纸上写下的算式推到麒哥面前："那么，你要不要试着算算看，韩信的兵力最少有多少人呢？"

麒哥拿起笔，用土法炼钢的方式算了好一会儿。"我知道了，最少是二十三人。"

"你看，如果我们增加需要满足的条件，要算出答案就更花时间对吧！从这个角度来看，它就是一个很好用的密码喔！"

"怎么说？"麒哥正想进一步追问时，手机响了起来，是阿智。

原来阿智的老师为了赶进度要补课，阿智出门前又忘了带钥匙，才会打电话问问麒哥什么时候会在家。

挂掉电话后，麒哥解释："是阿智。他说今天学校老师要补课，结果他又忘了带钥匙出门，所以来问我什么时候会在家。"

"这样啊，那别让阿智等太久，我们把你刚刚的问题说明一下就好。"法老王清了清喉咙，"如果你和另外两位朋友私底下用'5''7''11'当代号——这就是除数，用'2''3''4'，也就是余数，当成在网络上传递信息的数字，那么满足这些条件的被除数'367'，就是秘密所在。"

"然后呢？"麒哥催促法老王往下说。

"这不就要接着说了吗？"法老王笑了笑，"因为'367'是不能被别人知道的秘密，而且其他人并不知道你们各自的代号是'5''7''11'，所以即使看到'2''3''4'，他们也不知道你们的秘密数字是什么。这就是一种最简单的应用。"

"今天的课很有趣呢！"麒哥站起来，伸伸懒腰，"我从来没想过质数可以有这么用途呢！"

"那表示我这个老师准备的课程还挺不错的啰！"法老王说，"我也要谢谢你，你的反应和回馈对我来说也是很宝贵的数据喔！对了，今天还有家庭作业喔！"

法老王拿出事先准备好的文件递给麒哥。

麒哥翻了一下。第一页写着"快乐数"和"86、91、94、97、100"几个数字，还列出了快乐数的推论逻辑：

$$13 \rightarrow 1^2 + 3^2 = 10 \ ; \ 10 \rightarrow 1^2 + 0^2 = 1$$

$$49 \rightarrow 4^2 + 9^2 = 97 \ ; \ 97 \rightarrow 9^2 + 7^2 = 130 \ ; \ 130 \rightarrow 1^2 + 3^2 + 0^2 = 10 \ ;$$
$$10 \rightarrow 1^2 + 0^2 = 1$$

$$82 \rightarrow 8^2 + 2^2 = 68 \ ; \ 68 \rightarrow 6^2 + 8^2 = 100 \ ; \ 100 \rightarrow 1^2 + 0^2 + 0^2 = 1$$

"快乐数？这是什么？"麒哥问。

"先卖个关子。"法老王故作神秘，"今天给你的作业是'罗密欧与朱丽叶'的故事，需要用到的数据都附在里面了，祝你解题愉快。时间不早了，快回家吧，别让阿智等太久。"

"我知道了。有问题的话我会再问你。"麒哥连忙把文件塞进包里。

"作业写好后，别忘了再回来找我喔！"法老王看着匆忙下楼的麒哥，没忘了补上这一句。

罗密欧与朱丽叶〈上集〉

　　罗密欧与朱丽叶深爱着彼此，但由于双方家长的反对，两人的感情受到阻挠。朱丽叶的双亲为了不让两人见面，将朱丽叶软禁在朱丽叶家族的古堡中。罗密欧每天到古堡外，痴痴地望着古堡，却日日惆怅而归。罗密欧并非没有打算偷偷潜入古堡，但三个多月来，罗密欧用尽一切方法，也成功地进入古堡中，却始终找不到软禁朱丽叶的暗室所在。

　　一日，罗密欧一如往常地来到古堡外，叫唤着爱人的名字，忽然瞥见古堡某一扇窗内闪烁着白光。起初他欣喜若狂，牢牢地记住了该窗的所在，并且再次潜入古堡中，但还是找不到暗室入口。

　　隔日，他再次在相同的时刻见到闪烁的白光，他察觉白光的闪现隐约有着什么规律。经过几次观察后，罗密欧发现白光的闪动有着长短之分，于是他用了点（·）和划（—）来代表短的光与长的光，详尽记录光的闪动情形，得到了这样的信息："···—·········"

　　罗密欧觉得有趣，但他不明白这暗示着什么，于是他求教于博学多闻的罗伦斯神父。神父起先也不懂这信息的含义，翻阅了很多藏书，发现这很有可能是所谓的"摩斯密码"（请参见书末附录一），他赶紧对照书上的说法，将这段信息做了如下的翻译，并告知罗密欧：

..	.—.	..	...	.	...
I	R	I	S	E	S

"Irises（鸢尾花）？"

罗密欧一头雾水，不知道鸢尾花象征着什么。他猜想，也许囚禁在古堡中的朱丽叶想告诉他，她所在的地点是某个可以看到鸢尾花的地方吧！有了这一点线索，罗密欧开始找寻古堡附近的鸢尾花，找了许久，都没有发现鸢尾花的踪影，他很失望，不过转念一想："也许鸢尾花不在室外，而是在古堡内？"

他又偷偷地潜入古堡，但古堡内似乎找不到任何植物，正当心灰意冷之际，他不经意发现四处挂有一些名画，他随意浏览着，赫然瞧见一幅梵·高的大作《鸢尾花》。

罗密欧欣喜若狂，心想："这一定就是机关的所在！"于是他移开了画像，果然见到一扇暗门，他推开门，正满怀期待能见到朝思暮想的爱人时，却只见床头放了一封信。

罗密欧：

　　这些日子，我每天回忆着我们的过往，不知在你心中是否也仍惦记着我？

　　然而，相爱不能相守的痛苦，就好似一个人在自己国家里没有容身之处。

檐下，那五口燕子家庭，随着小燕成长而离去，仅剩两只老燕独守空巢……

昨晚，仰望夜空，本该闪闪发光的北斗七星，也只余下三颗兀自忽明忽灭……

窗外那十一朵摇曳生姿的百合花，到了这个时节，定然只存四株吧……

世间许多事物，都是如此地不完满，难道这就是天理吗？

是不是有一种未知，能够同时满足这些不圆满，让缺憾减少呢？

如果它存在，经历一千年的时间后，在未来那个时间点，我们会不会有更好的结局？

胡思乱想间，又想起我们去年密会的那条林荫小径。

那时我开玩笑说，要一起寻找一棵专属我俩的快乐树，在树底埋藏数个我们的秘密。

可惜这个梦尚未完成，现实便残酷地将我们分离了。

尽管如此，那棵烙印在我心中的快乐树，对我而言，却是最贴近事实的梦想。

我真的好想再回到那个地点去——那个充斥着我们笑声的地点……

爱你的朱丽叶

任务

● 请圈出信中不寻常之处，试着从对数字的认识，归纳找出朱丽叶的可能线索。

提示

● 质数、中国剩余定理、满足条件的被除数、最小公倍数、快乐数……

麒哥的笔记

1. "中""国""剩""余""定""理"藏在文字中。

这些日子，我每天回忆着我们的过往，不知在你心⑨是否也仍惦记着我？

然而，相爱不能相守的痛苦，就好似一个人在自己⑨家里没有容身之处。

檐下，那五口燕子家庭，随着小燕成长而离去，仅⑨两只老燕独守空巢……

昨晚，仰望夜空，本该闪闪发光的北斗七星，也只⑨下三颗兀自忽明忽灭……

窗外那十一朵摇曳生姿的百合花，到了这个时节，⑨然只存四株吧……

世间许多事物，都是如此地不完满，难道这就是天(理)吗？

2. 法老王提过"质数的孤独"，信中透露朱丽叶的孤单寂寞，出现的数字也都是质数："五"口燕子家庭、北斗"七"星、"十一"朵百合花……

3. "仅剩两只老燕""只余下三颗星""只存四株百合花"，即"除以 5，余 2""除以 7，余 3""除以 11，余 4"。用中国剩余定理，满足条件的最小值为 367。

4. 信中有一句"经历一千年的时间后"，试将 367 加上 5、7、11 的最小公倍数 385，加到超过一千后的数字是 1137。

5. 由"在未来那个时间点"，推测 1137 可能指 11 点 37 分。

罗密欧与朱丽叶〈下集〉

朱丽叶在信中提到要找属于两人的"快乐树"的事情。罗密欧回忆，他们的确曾秘密相约于城镇北方的一条林荫小径，可是当时朱丽叶并没有提过"快乐树"。罗密欧觉得朱丽叶故意这样说，说明"快乐树"一定暗示着什么，他喃喃地念着："快乐树……快乐树……难道是指'快乐数'?"有了这个念头后，他继续往下看，"在树底埋藏数个我们的秘密"似乎就真的印证了他的想法："树"指的就是"数"，但是这封信件后半段完全没有任何数字啊！

　　解谜到这里，罗密欧的思路有些阻塞了，不过他不能放弃朱丽叶的心意，他知道她是为了他不断努力着，怎能轻易辜负她？想到这里，他又打起了精神，重新想一遍他解谜的关键：找出中国剩余定理；用谐音想到快乐数……有没有可能这里的数字也是谐音呢？

　　他反复读了信的下半段。"却是最贴近事实的梦想"，事实好像可以想成四十嘛！那么，最贴近四十的快乐数应该是最后的谜底了，也是朱丽叶要告诉他的地点——小径的第"44"棵树下。

　　罗密欧兴奋极了，他深信，这次命运之神是站在他这边的。

　　一周后，距离罗密欧与朱丽叶居住的城镇北方十千米处，一辆马车奔驰着，逐渐远离了小镇，车内一对男女相互依偎着，男子深情款款地对女子说："亲爱的，若非你的机智，我们就真的无法在一起了。"女子报以甜甜的微笑："要不是你够聪明，看懂了我的信，我的努力也是枉然！"皎洁的月光落下，男子赫然是罗密欧，紧紧拥抱依靠在他怀中的朱丽叶。

第 3 章

密码？乱码？
傻傻分不清楚

快乐数/亲和数/哥德巴赫猜想/斯巴达密码棒/
恺撒密码法/维吉尼亚密码法/英格玛密码机

给秘密加把锁

隔天，麒哥再度拿出法老王给他的"家庭作业"，第一页是"快乐数"的说明。昨天迫不及待想解题，并没有细看法老王的资料，后来想破头差点失眠，才发现自己少了某些解题的关键知识。他决定好好细读：

密码小教室 🔍

快乐数

将某一数字的每一位数作平方和后，再将得到的新数不断重复"每一位数作平方和"的循环，最终若为"1"，此数字即为"快乐数"。

例如：

$13 \rightarrow 1^2 + 3^2 = 10$ ；$10 \rightarrow 1^2 + 0^2 = 1$

$49 \rightarrow 4^2 + 9^2 = 97$ ；$97 \rightarrow 9^2 + 7^2 = 130$ ；$130 \rightarrow 1^2 + 3^2 + 0^2 = 10$ ；$10 \rightarrow 1^2 + 0^2 = 1$

$82 \rightarrow 8^2 + 2^2 = 68$ ；$68 \rightarrow 6^2 + 8^2 = 100$ ；$100 \rightarrow 1^2 + 0^2 + 0^2 = 1$

100 以内的快乐数有 1、7、10、13、19、23、28、31、32、44、49、68、70、79、82、86、91、94、97、100。

读完"快乐数"的规则后，终于看懂法老王所改编的《罗密欧与朱丽叶》故事的下集。

麒哥一边想着故事里会不会暗藏什么还没发现的玄机，又忍不住往下看。

翻了几页，麒哥看到几个新的名词："亲和数"和"哥德巴赫猜想"。

"这是什么东西？"麒哥好奇地翻阅，发现是一个长长的故事，"断背山密码？断背山也能跟密码有关系？"

"断背山"密码

恩尼斯与杰克皆为贫苦农家的乡下青年，某年的夏天因同在农场工作而结识，并前往断背山上牧羊。两人朝夕相处，渐渐发展出深厚的情谊。在那个夏季的夜晚，他们跨越友谊的界线，谱出一段世俗无法认同的恋情。

这段恋情很快地曝了光。同年的夏末，在农场老板知情的状况下，两人不得不离开断背山。恩尼斯在怀俄明（断背山所在地）娶了埃玛，而杰克则前往得州，娶了萝琳，两人分别建立了家庭。

四年后，恩尼斯收到杰克的明信片，表示有事要来怀俄明，两人再度重逢，并前往断背山故地重游。虽然各自建立了家庭，但是他们知道真正深爱的人是彼此。相隔两地的思念像是天雷勾动地火，是那么热烈。对他们而言，时间永远只嫌太短。杰克原本只打算在怀俄明待两天，但好不容易相聚，短短两天时间实在无法满足四年的思念，于是杰克便擅自延后两天的时间，最后更是以钓鱼作为借口，整整待了八天。最后，在工作和家庭的双重压力下，依依不舍地离去，并相约下次再见。

时间并没有冲淡他们的感情。虽然彼此打算继续保持着这个秘密，建立正常的家庭，但随着时间的流逝，却让他们更感煎熬。

一次相聚之时，杰克对恩尼斯表明了心意。

"你是我生命的因子，一生一世的总和。我的生命因为你才有意义，为此，我愿意抛弃现在的所有来和你在一起。"

恩尼斯当然明白杰克的意思，也了解杰克下这个决定是多么不容易，他当然愿意与杰克一起承担。其实不只是杰克，恩尼斯也曾有过这样的念头，只是他一直没有勇气开口罢了。正当他们两个做了这个决定，含着眼泪紧紧相拥时，恩尼斯的老婆埃玛在旁悄悄地目睹了一切……

杰克在离开时向恩尼斯表明，当他打理好一切后会寄信给他，然而恩尼斯却迟迟未收到。直到过了两年，恩尼斯才从杰克的太太萝琳处得知杰克车祸过世的消息。此时，埃玛坦诚她把杰克寄来的信都藏了起来，并私下和杰克通过信，要求他不要妨碍她的家庭。杰克答应埃玛不会再和恩尼斯见面，只恳求她把最后一个包裹交给恩尼斯。

埃玛虽然在回信中表示同意，但拿到包裹后，她私下检查了里面的内容，发现包裹里有一封似乎别有意涵的信和一个上了锁的铁盒子。她心里很不放心，迟迟未把这个包裹交给恩尼斯。直到得知杰克死亡的消息后，埃玛内心感到相当愧疚，她才决定把包裹交给恩尼斯，并表示她不再过问包裹里的内容。

挚友，上锁的盒子里是我 1 生 1 世的愿望，当你
想起我们 2 个几次的相逢，了解令 2 人感情加倍的元
素，记忆的盒子即将开启。

认识你是我 1 生 1 世的总和。杰克

恩尼斯读信时，内心满是激动，想起两人在断背山的种
种，回忆在脑海中翻腾。但杰克究竟想表达什么呢？铁盒子里
又放着什么东西？一切的谜团唯有从信中找出解答。

信件内容的破译

〈线索一〉

恩尼斯首先发现信件中有蹊跷的地方，信中刻意使用了
"阿拉伯数字"。很可能是与铁盒子的密码有关，杰克一定想要传
达某个信息。有阿拉伯数字的地方共分为三段，分别为 "1 生 1
世的愿望" "我们 2 个几次的相逢" "2 人感情加倍的元素"。

〈线索二〉

这三段刚好可以满足密码上的三位数字。

● 1 生 1 世的愿望可以想象为 1+1= "2"。

● "我们 2 个几次的相逢"，这段话可以由恩尼斯的记忆推
得，两人的相逢次数为 3（第一次在断背山上的相遇，以及杰克

两次来找恩尼斯），可以得到第二个数字为 "2³"，也就是 "8"。

● "2 人感情加倍的元素" 可以想为 2×2= "4"。

〈线索三〉

恩尼斯输入 "284"，发现这是一个错误的密码。这时他注意到最后的一段话 "认识你是我 1 生 1 世的总和"。他回想起这段话是和杰克第二次见面时对他说的话，内容为 "你是我生命的因子，1 生 1 世的总和……" "因子"？难道是指 284 的因子？284 的因子分别为 "1" "2" "4" "71" "142"，将这些因子一一加总，得到了一个合数：1+2+4+71+142=220。

恩尼斯测试了 "220" 这个数，竟成功地打开了铁盒子。

密码小教室 🔍

亲和数（Amicable Numbers）

如果一对正整数，他们所有的 "正因子和" 相互是对方，这样的一对正整数就称之为 "亲和数"。220、284 就是史上第一对被发现的亲和数。

220 的因子和=1+2+4+5+10+11+20+22+44+55+110=284。

同时，284 的所有正因子相加的和=1+2+4+71+142=220。

铁盒内信息的解密

恩尼斯开锁之后，发现里面只放了一张纸条，写着：

13.5.5.5.5.17.3.5.5.25.15.21.1.7.3.13.7.3.7.2.9.11.7.9.15.11.
5.2.1.3.11.13.15.21.7.11.3.7.7.3.13.7.3.7.1.9.7.7.7.7

你的左手是我的右手，我们两个在彼此的心里牵手，互质的我们手牵手，仍然是一对完美的佳偶。

〈线索一〉

恩尼斯很快发现，这张纸条上"没有大于 25 的数字"，推测极有可能是由英文转过来的密码系统，于是他尝试将数字转译成字母，结果如下表。

字母	A	B	C	D	E	F	G	H	I	J	K	L	M
数字	1	2	3	4	5	6	7	8	9	10	11	12	13
字母	N	O	P	Q	R	S	T	U	V	W	X	Y	Z
数字	14	15	16	17	18	19	20	21	22	23	24	25	Z

英文字母替代密码法

则纸条上的：

" 13.5.5.5.5.17.3.5.5.25.15.21.1.7.3.13.7.3.7.2.9.11.7.9.15.11.5.
2.1.3.11.13.15.21.7.11.3.7.7.3.13.7.3.7.1.9.7.7.7.7"

可根据表上数字与字母的对应，翻译成明文：

"MEEEEQCEEYOUAGCMGCGBIKGIOKEBACKMOUG
KCGGCMGCGAIGGGG"

然而所获得的这段明文完全没有意义，于是恩尼斯又重新思索。

〈线索二〉

恩尼斯发现，这段密文中除了 2 以外"没有其他偶数"，因此有可能是在偶数部分动了手脚，且在密文后半段中提到的"完美的佳偶"是什么意思？从这段提示中，恩尼斯开始去找构成完美佳偶的要件。

"你的左手是我的右手"：左手是右手，这段话似乎是在说明密文部分"左右互相对称"。于是恩尼斯开始找寻密文对称的部分。他惊讶地发觉，密文里面确实有许多对称的部分，于是他进一步推敲，何为"在心里面牵手"。

13.5.5.5.5.17.3.5.5.25.15.21.1.7.3.13.7.3.7.2.9.11.7.9.15.
　　左手　右手　　　　　左手　右手 左手　右手

11.5.2.1.3.11.13.15.21.7.11.3.7.7.3.13.7.3.7.1.9.7.7.7.7
　　　　　　　左手　　右手左手　　右手　　左手　右手

"我们两个在彼此的心里牵手"：恩尼斯在左手和右手之间画了一条线，代表让两个数手牵着手。他发现这两数之间夹着数的总和，似乎是左手或右手的两倍。当左手牵着右手，也就是左手的数目加右手数目的总和，刚好是它们两个中间数的和，这或许就是"在心里牵手"的意思。

13.5.5.⬚5.5.⬚17.3.⬚5.5.⬚25.15.21.1.⬚7.3.⬚13.7.⬚3.7.⬚2.⬚9.⬚11.7.⬚9.15.

11.5.2.1.3.11.13.15.21.⬚7.⬚11.3.⬚7.⬚7.3.⬚13.7.⬚3.7.⬚1.9.⬚7.7.7.⬚7

"互质的我们手牵手"：这句话也就是恩尼斯一开始最感到困惑的一段话，但是当他了解"心里牵手"的意思后，他已经可以猜出这段话的七八分，其中有："17"和"3"互质、"13"和"7"互质、"11"和"7"互质、"11"和"3"互质。

密码小教室 🔍

哥德巴赫猜想(Goldbach's Conjecture)

　　德国数学家哥德巴赫（Goldbach，1690—1764）在 1742 年写给欧拉（Euler，1707—1783）的信中曾提出猜想：任何大于"5"的奇数，都可以表示成 3 个质数的和。数学家欧拉从哥德巴赫猜想延伸出另一猜想：任何大于"2"的偶数，都可以表示成两个质数的和。

"仍然是一对完美的佳偶"：谜底到这里已经算是完全解

开，恩尼斯了解什么叫作"完美的佳偶"，意思就是将"左手和右手"牵起来，将会等于双手之间的两个质数的和，而这两个质数的和是"左手和右手"牵起来的值，将会合并成一个偶数，这也就是"一对完美的佳偶"的意思。

以此要领解明文可得：

13.5.5.⟦5.5⟧.17.3.⟦5.5⟧.25.15.21.1.⟦7.3⟧.13.7.⟦3.7⟧.2.9.⟦11.7⟧.9.15.
　　　　　20　　　**20**　　　　　　　**20**　　　　**18**

11.5.2.1.3.11.13.15.21.⟦7⟧.⟦11.3⟧.⟦7⟧.⟦7.3⟧.13.7.⟦3.7⟧.1.9.⟦7⟧.7.7.⟦7⟧
　　　　　　　　　　　　14　　　**20**　　　　　**14**

翻成明文：

MEET YOU AT BROKEBACK MOUNTAIN. （在断背山与你会面。）

13.5.5.⟦20⟧.25.15.21.1.⟦20⟧.2.⟦18⟧.15.

11.5.2.1.3.11.13.15.21.⟦14⟧.⟦20⟧.1.9.⟦14⟧

恩尼斯解出纸条里的秘密后，不禁悲从中来。他可以想象杰克独自一人在断背山等他的孤独身影，而这个身影在他的记忆中是如此鲜明……他长长地叹了一口气，口中吐出淡淡的白烟，此时正值初春，寒冷的冬天即将过去，草木吐出新芽，一切欣欣向荣，断背山上皑皑的白雪也因融化而散发出晶莹的粼光。恩尼斯默默望着背断山，时间仿佛静止了。

埃玛悄悄端来一杯咖啡放在恩尼斯身旁，双手从后面紧紧抱住恩尼斯，好一会儿不发一语。直到外面传来吉普车声，打断了这段沉静。恩尼斯回过神来，向旁望了一眼。吉普车上载着各种牧羊的用具，有两名年轻人，眼神透露着他们的快乐、理想、抱负，而嘴角的笑容和不停的打闹嬉戏，证明他们深厚的友谊。恩尼斯看着这辆吉普车渐行渐远，往断背山的方向离去，直到车子消失在遥远的地平线。

　　"你心中是否也有只能和某人分享的秘密？在那个保守的年代里，为了不让爱情成为毁灭彼此的导火线，恩尼斯和杰克选择用密码巧妙地隐藏这一切，连同那所有不为人知的痛苦，都一起埋在心里……"故事的结尾这么写道。

　　另一篇故事的主角麒哥就更熟了，是大名鼎鼎的福尔摩斯。麒哥心想，像福尔摩斯这样的侦探虽然只是虚构的人物，但他们在破案过程中也用到了很多暗码之类的东西，可见早在柯南·道尔的时代，密码学就已经是很受欢迎的一门学问了，否则怎么会写在小说里呢？麒哥觉得这些改编故事让他跃跃欲试，准备好好研究法老王给他的资料，深入学习一番。

　　看完两篇长长的故事，麒哥才发现今天还没打扫家里呢！早餐店的生意大多要中午左右才能打烊、算好账，回到家把该做的家事做一做，也就差不多到傍晚了，又该张罗晚餐。像这样，专心看完两篇故事，并且把里面解密的过程全部弄懂，对麒哥来说，算是很奢侈的休闲，当然也很耗费心神。

给秘密加把锁

麒哥站起身来打扫，整理阿智房间时，发现他床上随意丢着几本笔记。

"这孩子！跟他说过多少遍了，东西不能乱丢，要好好整理，万一不见了就糟了。"麒哥一边念叨，一边把笔记本叠好，准备放在桌上。结果手一不小心没拿稳，反而掉在地上。

"唉哟，真是，怎么搞的……"麒哥看着笔记本偶然翻开的一页，"古典密码学？这么说来，阿智好像说过他在上什么'资安'什么'密码'的课……"

在好奇心的驱使下，麒哥放下手中的扫帚，翻阅起阿智的笔记。

密码小教室 🔍

古典密码学

古典密码学是密码学的其中一支，其主要的加密方式是利用替代式密码或移位密码，有时则是两者的混合，但基于安全因素，现代社会中已经很少使用。

斯巴达密码棒（Scytale）

属于"移位密码法"（Transposition Cipher）。早在公元前5世纪，斯巴达人在军事战争中，便使用斯巴达密码棒来进行秘密通讯，让敌人无法知悉己方的军情。

● 加密方法：

　　首先将皮革纸（羊皮纸）缠绕于一定粗细的棍棒上，假设刚好能写上五个字母的大小，按着顺序书写欲传递的信息，随后拆下。"拆"下的皮革纸，因信息位置发生移位作用，对方收到皮革纸（羊皮纸）后，只有将皮革纸（羊皮纸）捆绑于刚好能写上五个字母大小的棍棒上，才能将字符顺序还原，否则信息是无意义的。

　　窃密者撷取到密文，若不知密码棒的大小，也是无法解读信息，进而达到保护信息的目的。流程如下图。

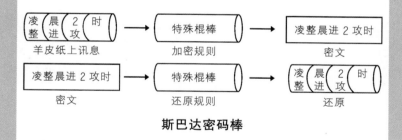

斯巴达密码棒

恺撒密码 (Caesar Cipher)

　　属于"替代方式"的加密方法。公元前一世纪的恺撒大帝使用"替代"密码对信息加密，避免书信内容在传递过程中遭敌人窃取并知悉信息内容。

● 加密方法：

　　例如将字符依字符集顺序往后挪移五位后，第五位字符代替原本字符，组成字符对照表，如下表。利用此对照表，当字符为"A"时，则以"F"来代替；字符为"B"时，则以"G"来代替，以此类推将欲传达的信息加密。

字符集	字符后移五位
A	F
B	G
C	H
D	I
E	J
F	K
G	L
H	M
I	N
J	O
K	P
L	Q
M	R
N	S
O	T
P	U
Q	V
R	W
S	X
T	Y
U	Z
V	A
W	B
X	C
Y	D
Z	E

恺撒密码字符对照表

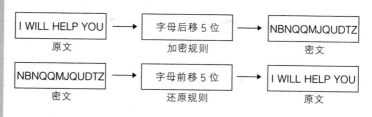

恺撒密码法

维吉尼亚密码法（Vigenére Cipher）

属于"字符替换"的加密方式，它增加恺撒密码法替换的复杂度，改善恺撒密码安全度不高的问题。

● **恺撒密码的问题：字母分析频率**

生活中使用的字母频率是不一样的，而恺撒密码只是将字母替代，所以仍存在字母频率的问题。只要仔细分析密文中字母的出现频率，解译密文并非难事，像恺撒密码这种复杂度较低的加密方式，已无法达到保护秘密的目的。

● **解决恺撒密码的问题：增加字母替代的复杂度**

将字母替代的复杂度增加，通过以二种、三种、四种等字符表做加密，最后制成二十六种字符表。第一行是明文字符，灰色范围开始逐步位移：第一行为正常顺序；第二行往左移一位，则第一个字符 A 放到该行最后；第三行再将第二行字符往左移一位，B 字符放到最后，以此方式编成二十六种字符表。请参见下页表。

字符	A	B	C	D	E	F	G	H	I	J	K	L	M	N	O	P	Q	R	S	T	U	V	W	X	Y	Z
A	A	B	C	D	E	F	G	H	I	J	K	L	M	N	O	P	Q	R	S	T	U	V	W	X	Y	Z
B	B	C	D	E	F	G	H	I	J	K	L	M	N	O	P	Q	R	S	T	U	V	W	X	Y	Z	A
C	C	D	E	F	G	H	I	J	K	L	M	N	O	P	Q	R	S	T	U	V	W	X	Y	Z	A	B
D	D	E	F	G	H	I	J	K	L	M	N	O	P	Q	R	S	T	U	V	W	X	Y	Z	A	B	C
E	E	F	G	H	I	J	K	L	M	N	O	P	Q	R	S	T	U	V	W	X	Y	Z	A	B	C	D
F	F	G	H	I	J	K	L	M	N	O	P	Q	R	S	T	U	V	W	X	Y	Z	A	B	C	D	E
G	G	H	I	J	K	L	M	N	O	P	Q	R	S	T	U	V	W	X	Y	Z	A	B	C	D	E	F
H	H	I	J	K	L	M	N	O	P	Q	R	S	T	U	V	W	X	Y	Z	A	B	C	D	E	F	G
I	I	J	K	L	M	N	O	P	Q	R	S	T	U	V	W	X	Y	Z	A	B	C	D	E	F	G	H
J	J	K	L	M	N	O	P	Q	R	S	T	U	V	W	X	Y	Z	A	B	C	D	E	F	G	H	I
K	K	L	M	N	O	P	Q	R	S	T	U	V	W	X	Y	Z	A	B	C	D	E	F	G	H	I	J
L	L	M	N	O	P	Q	R	S	T	U	V	W	X	Y	Z	A	B	C	D	E	F	G	H	I	J	K
M	M	N	O	P	Q	R	S	T	U	V	W	X	Y	Z	A	B	C	D	E	F	G	H	I	J	K	L
N	N	O	P	Q	R	S	T	U	V	W	X	Y	Z	A	B	C	D	E	F	G	H	I	J	K	L	M
O	O	P	Q	R	S	T	U	V	W	X	Y	Z	A	B	C	D	E	F	G	H	I	J	K	L	M	N
P	P	Q	R	S	T	U	V	W	X	Y	Z	A	B	C	D	E	F	G	H	I	J	K	L	M	N	O
Q	Q	R	S	T	U	V	W	X	Y	Z	A	B	C	D	E	F	G	H	I	J	K	L	M	N	O	P
R	R	S	T	U	V	W	X	Y	Z	A	B	C	D	E	F	G	H	I	J	K	L	M	N	O	P	Q
S	S	T	U	V	W	X	Y	Z	A	B	C	D	E	F	G	H	I	J	K	L	M	N	O	P	Q	R
T	T	U	V	W	X	Y	Z	A	B	C	D	E	F	G	H	I	J	K	L	M	N	O	P	Q	R	S
U	U	V	W	X	Y	Z	A	B	C	D	E	F	G	H	I	J	K	L	M	N	O	P	Q	R	S	T
V	V	W	X	Y	Z	A	B	C	D	E	F	G	H	I	J	K	L	M	N	O	P	Q	R	S	T	U
W	W	X	Y	Z	A	B	C	D	E	F	G	H	I	J	K	L	M	N	O	P	Q	R	S	T	U	V
X	X	Y	Z	A	B	C	D	E	F	G	H	I	J	K	L	M	N	O	P	Q	R	S	T	U	V	W
Y	Y	Z	A	B	C	D	E	F	G	H	I	J	K	L	M	N	O	P	Q	R	S	T	U	V	W	X
Z	Z	A	B	C	D	E	F	G	H	I	J	K	L	M	N	O	P	Q	R	S	T	U	V	W	X	Y

二十六种字符表

● 加密方法：

维吉尼亚密码法的加密规则是，将要加密的字母依序参照字符表，然后替换字母。

以下以明文"THE CRYPTOGRAPHY IS FUNNY"为例。

【加密】

① 第一个字符为"T"，"T"对应第一列的字符为"T"，"T"→"T"。

② 第二个字符为"H"，"H"对应第二列的字符为"I"，"H"→"I"。

③ 第三个字符为"E"，"E"对应第三列的字符为"G"，"E"→"G"。

④ 第四个字符为"C"，"C"对应第四列的字符为"F"，"C"→"F"。

⑤ 第五个字符为"R"，"R"对应第五列的字符为"V"，"R"→"V"。

⑥ 以此类推参照二十六种字符表，将明文每个字符作转换，若明文超过二十六个字符，则第二十七个字符从头开始参照字符表的第一列。

⑦ 经加密后，明文"THE CRYPTOGRAPHY IS FUNNY"

转换为密文"TIG FVDVAWPBLBUM XI WMGHT"。

● **加密方法的变化：**

（1）约定数字加密：

二十六种字符表的加密规则，让原本的加密规则是依字母顺序参照字符表第一列到最后一列重复循环，但如果字母参照表不依照顺序替换，破密的难度就更高。只要通讯双方约定使用字符的某几行做加密，如此一来，就是另类的维吉尼亚密码法加密。

同样以明文"THE CRYPTOGRAPHY IS FUNNY"为例，参照二十六种字符表，使用第9、第16、第5、第21、第18列的字符加密：

【加密】

① 第一个字符为"T"，"T"对应第9列的字符为"B"，"T"→"B"。

② 第二个字符为"H"，"H"对应第16列的字符为"W"，"H"→"W"。

③ 第三个字符为"E"，"E"对应第5列的字符为"I"，"E"→"I"。

④ 第四个字符为"C"，"C"对应第21列的字符为"W"，"C"→"W"。

⑤ 第五个字符为"R"，"R"对应第18列的字符为"I"，"R"→"I"。

⑥ 第六个字符为"Y"，超过5个字符从头开始循环，"Y"对应第9列的字符为"G"，"Y"→"G"。

⑦ 以此类推，将明文每个字符做转换，若明文超

过 5 个字符，则第 6 个字符从头开始依序参照第 9、第 16、第 5、第 21、第 18 列。

⑧ 经过加密后，明文 "THE CRYPTOGRAPHY IS FUNNY" 转换为密文 "BWI WIGEXIXZPTBP QH JOEVN"。

（2）约定字母加密：

除了约定数字外，字母也可以是加密的规则。例如用 "SECRET KEY" 加密，同样参照二十六种字符表，依序完成加密。

若明文长度超过密钥长度，同样从头开始参照 "S" 这一列的字符，如下表所示。

明文	T	H	E	C	R	Y	P	T	O	G	R
加密规则	S	E	C	R	E	T	K	E	Y	S	E

明文	A	P	H	Y	I	S	F	U	N	N	Y
加密规则	C	R	E	T	K	E	Y	S	E	C	R

以字词作密钥加密规则

以同样的明文"THE CRYPTOGRAPHY IS FUNNY"为例，使用密钥"SECRET KEY"加密，参照二十六种字符表。

【加密】

① 第一个字符为"T"，"T"对应第 S 列的字符为"L"，"T"→"L"。

② 第二个字符为"H"，"H"对应第 E 列的字符为"L"，"H"→"L"。

③ 第三个字符为"E"，"E"对应第 C 列的字符为"G"，"E"→"G"。

④ 第四个字符为"C"，"C"对应第 R 列的字符为"T"，"C"→"T"。

⑤ 第五个字符为"R"，"R"对应第 E 列的字符为"V"，"R"→"V"。

⑥ 以此类推，参照二十六种字符表，将明文每个字符做转换，若明文超过密钥长度，则从头开始依序参照。

⑦ 经过加密后，明文"THE CRYPTOGRAPHY IS FUN"转换为密文"LLG TVRZXMYVCGLR SW DMRPP"。

不同加密规则，尽管是同样的明文仍可产生不同的密文。

明文	
THE CRYPTOGRAPHY IS FUNNY	

	密文
密钥:字符顺序	TIG FVDVAWPBLBUM XI WMGHT
密钥:9、16、5、21、18	BWI WIGEXIXZPTBP QH JOEVN
密钥:SECRETKEY	LLG TVRZXMYVCGLR SW DMRPP

不同加密规则产生的密文

　　看到这些密密麻麻的数字和英文字母，麒哥很自然地想起妻子的密码信。不知道阿智修这些课有没有什么原因？单纯只是必修课，还是他本来就对这些东西有兴趣？还是……他也想解开妻子留下来的秘密？ "不不不……" 麒哥摇摇头，阿智应该不知道那封信的存在才对，因为他一直把信锁在房间衣柜里的小抽屉，照理说，阿智应该连靠近都不曾靠近过……

　　麒哥苦笑了两声，想起法老王说过的话。 "果然是她的儿子……吗?"

又过了几天，麒哥终于把作业写完，再度来到法老王家。

"老王，这次的作业好像在看小说一样喔！"一看到法老王，麒哥就忍不住说，"用这种方式来了解数学真的有趣多了，如果以前老师也这样教的话，说不定我就不会那么怕数字了。"

"时代不同了嘛，"法老王笑着递上一杯热茶，"以前全都是照课本教，老师和爸妈只想让学生考高分、念好学校，而且也没有人教我们用另一种观点来理解数学，万一分数又不是很好，当然就会没兴趣啦。你看，你说你对数字不感兴趣；我也一样，一看到文言文头就很痛啊，哈哈哈。"

"真的是这样，你以前每次上语文课就打瞌睡。"麒哥接过茶，轻啜一口，"对了，我在阿智的笔记本里看到什么'古典密码学'的东西……"麒哥想起自己那天看到的东西，很自然地把自己记得的内容一五一十地告诉了法老王。

"这是个很有趣的部分喔！"听完麒哥的话，法老王接口，"你一定有银行账户，也有电子邮件信箱什么的，对吧？不管是银行账户、银行卡、电子邮件信箱，还是我们日常在使用的脸书或 LINE 之类的通讯程序，'密码'都是很重要的。"

"那当然，因为钱是自己好不容易赚的，网络上面的东西也都跟自己的隐私有关啊，怎么能不小心、好好保护呢？"

"你说到重点了。"法老王顿了一下，"就是'保护'。如果没有设密码，或者随便用了个很简单就能破解的密码，那么自己重要的东西就会被别人偷走，更糟糕的是，自己完全没发现这件事，还让坏人拿我们的账户去做坏事。"

"所以银行才会一直叫大家不要用生日或身份证号来当密码，对吧？"麒哥马上就想到了银行的例子，"可是怎样的密码才叫安全？如果密码够安全的话，为什么很多新闻都会说什么盗刷盗账号之类的？"

"你说的都没错。密码既然跟我们的生活这么有关系，因此，我们更不能随便拿几个数字来用；至于你说的盗刷盗账号之类的事……虽然这样说好像有点小题大做，不过在现代生活中，加密和企图解密的人，其实跟打仗没两样，谁赢了，谁就能占上风。如果是在真正的战场上，重要的情报一旦被敌人知道了，关系到的可能是几十万人的性命。"

"所以才会有那么多谍战片或影集。"麒哥恍然大悟。

"说到谍战片，在第二次世界大战的时候，有一部很重要的机器，叫作'英格玛密码机'，它有很多机型，当时最出名的是纳粹所使用的机型，而且这部机器也让密码'咸鱼翻身'喔！"

法老王起身走到计算机前，输入"英格玛密码机"，点开网页。

密码小教室 🔍

英格玛密码机（Enigma Machine）

　　英格玛名称源自希腊语，意指"不可思议的东西"或"谜"。英格玛密码机突破性地结合机器来进行加密，使得密码更不易被破解，并且有效率地进行加/解密。

20 世纪 20 年代早期，英格玛密码机开始用于商业领域，其中最主要的使用者是第二次世界大战时的德国。而在众多版本中，最为出名的便是纳粹使用的版本。

直到第一次世界大战结束时，无线电密码仍采用手工编码的方式，效率不佳。因此，在军事通讯领域中，需要一种更为安全、可靠的加密方式。正是在这样的时代背景下，英格玛应运而生。其发明并非来自个人或单一研究团队，而是在历史时代的需求与交错下，不同的发明人设计其相关的原件技术，最后由德国人阿瑟·谢尔比乌斯技术引用，加以改良，并命名为英格玛。当时

英格玛密码机

英格玛是有史以来最为可靠的加密系统之一。

英格玛看起来是一个复杂而装满精致零件的盒子。不过要是我们把它打开，可以看到它被分解成相当简单的几个部分，其中最基本的四大部分为：键盘、旋转盘、显示灯及连接板。

1932年，波兰密码学家马里安·雷耶夫斯基、杰尔兹·罗佐基与亨里克·佐加尔斯基依据"英格玛密码机"的原理破解了它。1939年波兰政府将破解方法告知了英国和法国，数学家图灵据此研发的解码机大大帮助了欧洲的盟军部队，使第二次世界大战能提早结束。

"波兰的这位雷耶夫斯基通过把机器拆解和比对，成功破解了英格玛密码机。虽然拆机器听起来很简单，但是要一一找出加密机制不但工程浩大，难度也很高；重要的是，当时还在打仗，根本就是分秒必争。"法老王说。

"真的，英格玛比之前看到的那些加密系统还复杂得多呢！"麒哥也有感而发。

"战争的确很残酷，但也因为战争需要，所以才让密码学得以发展。后来计算机科技越来越进步、指令周期越来越快，密码的设计也越来越复杂。"法老王又说，"刚刚我说英格玛密码机让密码学'咸鱼翻身'，是因为很多后来发展的密码系统，其观念和设计分析，都是由英格玛密码机而来的，而数字时代的来临，更让密码越来越重要。"

说完，法老王停了一会儿，让麒哥自己消化思考。

"还记得之前跟你讲过的'质数'吧？质数之所以特别，是因为它很'孤独'，除了'1'之外，不会跟其他的数字有关系。那么，你觉得'孤独'有什么好处呢？"法老王再度发问。

"孤独的好处？嗯……"麒哥想了想，"就很安静啊，不会有人来吵我，我也不用顾虑对方反应，怕自己是不是说错话……"

"一点都没错。孤独的人话通常不多，也不会听到什么就急着跟别人说，这种人心里如果有秘密，知道的人一定很少。"

说完，法老王在纸上写下几个词语："质数""安全""密码""RSA""中国剩余定理""对称式密码系统""公开密钥密码系统"。

"你平常再怎么少用，也还是需要用到计算机和网络对吧？"法老王问。

"是啊。订火车票、医院挂号、查查数据什么的，多多少少会用到。"

"现在的计算机和网络就是利用'数字密码'进行加密，避免传出去的信息在网络上被窃。如果任何传出去的信息都需要加密，那么密码是不是很重要呢？所以我才会说它是'咸鱼翻身'啊！"说完，法老王把那张纸递给麒哥。

接过法老王手写的字条，麒哥心想，原来密码的应用比他想象的要更广泛呢，而它也不只是单纯的数字游戏，要说它是现代生活不可或缺的金钟罩、铁布衫也不为过啊！

　　"这次的作业，就是请你上网搜寻一下'孤独'和'质数'、'质数'和'密码'的关系，有空的话，也可以搜寻一下我写的这几个名词，了解一下它们的意思。"法老王看看时钟，"不好意思，我等一下跟朋友有约，不能陪你了。作业写完后，我们再进行下一课吧！"

"跳舞小人" 密码

　　一个悠闲的早晨，名侦探福尔摩斯收到一封信。信中夹带一张看似幼童涂鸦的小人跳舞图。寄信人希尔顿·丘比特（Hilton Cubitt）先生，因为听闻福尔摩斯对任何稀奇古怪的东西有兴趣，就寄了这封信让福尔摩斯研究，而丘比特本人也将于近日搭乘火车亲自来访。在除了这张涂鸦以外毫无其他线索的情况之下，名侦探福尔摩斯本人对此信似乎也是毫无头绪。待丘比特抵达后，才娓娓道出事情的始末。

跳舞小人，第一则信息

　　丘比特出身名门望族，在家乡颇受居民敬重。一天，丘比特参加位于伦敦的一个庆典纪念会，于住宿处认识了艾尔西·帕特里克（Elsie Patrick）小姐，并陷入了热恋，不久之后便登记结婚。但是婚前艾尔西向丘比特提出一个要求："为了不再回忆起以前的痛苦，请无论如何别过问我的过去，而你会娶到一个不曾做过任何使自己感到羞愧的事的女人。"当时丘比特只想到，每个人或多或少都有不堪回首的过往，于是便答应了，婚后两人也的确过着幸福美满的生活。

直到有一天，艾尔西接到一封来自美国的信。她看过信后，脸色变得惨白，并立刻将之烧毁，不再提起有关的事。丘比特虽觉得纳闷，但为了遵守诺言，就未再过问。

过了一阵子平凡的生活后，丘比特某天忽然看到窗台上画了一排像是"跳舞小人"的图案，也正是他寄给福尔摩斯的纸条上的图案。丘比特原本以为是邻居小朋友的恶作剧，所以不以为意地将之洗刷干净。但他一次无意间向妻子提到这件事时，没想到艾尔西却将它看得非常严重，还要求丘比特要是再次发现相同的图画，一定要拿给她看。过了几天，丘比特先生果然又在庭院中发现了一张纸条，上面画着类似的图形。丘比特将纸条拿给艾尔西看过后，艾尔西像是受到了极大的惊吓似的，竟然昏倒了。之后的日子她都魂不守舍，眼中充满着恐惧。丘比特虽然担心，但为了信守婚前的承诺，便未再追问……不过他想到另一个解决之道，就是请福尔摩斯帮忙。

即使是名侦探福尔摩斯，也无法从这么贫乏的信息中整理出头绪，所以只好请丘比特先回去且按兵不动，静待新的变化出现。在这之后，福尔摩斯便随身携带着那张纸条，细细研究。又过了几天，福尔摩斯接到了丘比特所发出的电报。上面写着，有更多新的信息出现，而丘比特也正赶早班的火车过来。这消息令我们的大侦探福尔摩斯振奋不已，脸上终于出现一抹微笑。丘比特一到福尔摩斯的居所，便迫不及待开口说起这些天有关小人图案的最新发展。在丘比特上次拜访过福尔摩斯之后隔天，竟然又在庭院的门板上发现了一些内容似乎不太一样的图形。

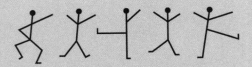

跳舞小人，第二则信息

这个发现使得丘比特气炸了。他将这些图案临摹后，把门板擦拭干净，拿起抽屉里的左轮手枪并填满子弹，整夜守在屋外，想要当场逮住这个不知节制的小子。这样的动作看在艾尔西眼里，显得又惊又怕。她央求丈夫不要继续这样危险的行为，但丘比特不为所动。几天后，丘比特果然发现有个人在黑暗中鬼鬼祟祟。丘比特立即出声呵斥，追出门外想要抓住那个莫名其妙的恶作剧者，却被艾尔西以安全为由给阻止了。即使如此，丘比特仍是彻夜巡逻警戒着。奇怪的是，丘比特并未再发现入侵者，却一大早在门板上发现了几行新的且较短的图形。

跳舞小人，第三则信息

之后再也没发生其他异状。丘比特决定再度前来向大侦探福尔摩斯报告。

　　福尔摩斯对这些新的线索感到非常兴奋。他希望丘比特能够多留一会儿，让他有更多时间整理这些信息；不过丘比特不愿留下妻子艾尔西一个人在家中太久，交代小人的信息后便立刻乘车返回家中。又一连几天，福尔摩斯埋首于书桌上，致力于破解这些古怪符号所可能隐藏的信息。首先发现的是，在这些看似在跳舞的小人中，有一个图案出现的次数显得特别多，例如在第一张纸条上的十五个小人，有四个几乎一模一样。

　　于是福尔摩斯便大胆假设，这个符号是在英文单词中字母出现频率最高的"E"。另外他也发现，有些小人手上拿着旗子，有些则没有，福尔摩斯判断，旗子代表的意义是单词的分隔符：以第一张纸条所出现的图形为例，那便是一个由四个单词所组成的句子。

破解第一则信息

　　接着，福尔摩斯又想起，第三则信息是在丘比特没发现任何异状之下出现的，而他的妻子艾尔西很显然明白这些小人所代表的意义，因此将第三则信息视为艾尔西响应前两则信息而画下的小人图案，似乎是合理的推测。

福尔摩斯将第三则信息中所出现的五个小人研究一番之后，发现两条线索。首先，小人图案中的第二个及第四个小人相同，出现两次，依之前所推论，这两个小人图案代表的意思是字母"E"。另一个线索，则是第三则信息的小人图案中，没有任何一个小人带有旗子。福尔摩斯判断，这一行小人图案可能是某个英文单词。但什么单词是由五个字母所组成，第二个及第四个字母是 E，又可以拿来作为响应的呢？想了许久，这个单字应该是"NEVER"；艾尔西对这些信息表现得如此反感又害怕，回答"NEVER"拒绝似乎颇为合理。在解开这组符号的同时，也发现了代表"N""V""R"这三个字母的符号。

破解第三则信息

这时福尔摩斯突然从天外飞来了一个灵感：如果这则信息是要传达给艾尔西知道，那内容是否有可能出现她的名字（ELSIE）呢？于是福尔摩斯便开始搜寻，所有信息中，由五个字母形成的单词且第一个和最后的字母为"E"的图形……

果然，在第二则信息中，发现了符合的情形，真不愧是神通广大的名侦探福尔摩斯，在细微的线索中找出真相！于是乎，字母"L""S""I"便现出原形。

再者，于他人姓名前使用动词，提出要求，是一般通俗的口语用法，而什么词是由四个字母组成、最后一个字母又是"E"，且会令艾尔西厌恶地用"NEVER"来拒绝呢？这个单词必定是"COME"；顺便也发现了"C""O""M"等三个字母。综合所有已被破解的符号，可以得到下图的结果。

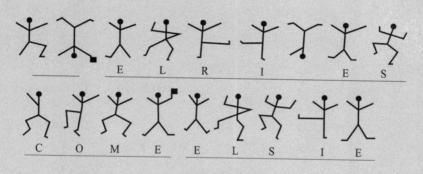

破解第二则信息

再回头看第一则信息，套入已知的"C""E""I""L""M""N""O""R""S""V"。

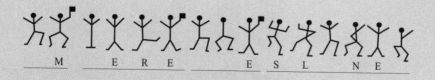

破解第一则信息

答案已经呼之欲出了。接下来使用最原始的穷举法，扣除掉已破解的字母，将其他字母逐个配对，找出最有意义的解。

经过一番努力后，得到了以下的结果。

A M　H E R E　A B E　S L A N E Y

信息一

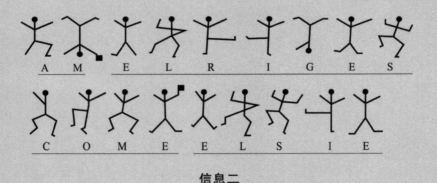

A M　E L　R I G E S

C O M E　E L S I E

信息二

N　E　V　E　R

信息三

信息一的意思是：我，阿贝·斯兰尼（Abe Slaney）来了。

信息二的意思是：我在埃尔里奇（Elriges），艾尔西快来。

信息三是艾尔西拒绝的响应：绝不！

跳舞小人的信息破解至此已算大功告成了，但是未等福尔摩斯向丘比特回报这个消息，丘比特便又寄来一封信，内容大致是说，这些日子以来都过得平安无事，只是在写这封信的前一天，又发现了另一张纸条。

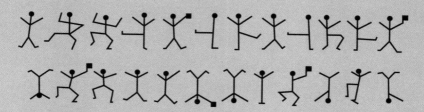

跳舞小人，第四则信息

福尔摩斯将已破解的图形对应到这份新的信息上。

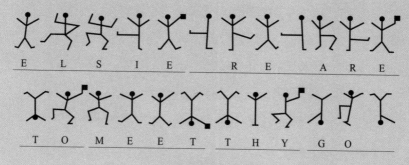

破解第四则信息

把剩余的空格填上"P"和"D"后，赫然出现了一个恐怖的信息："Elsie，prepare to meet thy god!（艾尔西，准备去见你的上帝吧!)"

发现这个信息内容的福尔摩斯不禁暗叫不妙，连忙赶往丘比特的住处。

无奈还是迟了一步，艾尔西受了严重的枪伤，丘比特则不幸身亡。这下不由得惹怒了福尔摩斯，下定决心要将这名凶手绳之以法。他先向当地人询问，得知了埃尔里奇这个地方的所在后，也依样学样地寄了张纸条过去，指名给阿贝·斯兰尼这个人。果真如福尔摩斯所料，不久之后，凶手便自投罗网了。

想知道福尔摩斯是如何将凶手绳之以法的吗?

他所寄出的纸条内容是这样的:

福尔摩斯寄给凶手的跳舞小人图案

你知道这些图案所传达的信息吗?试着破解看看吧，挑战大侦探敏锐的解谜功力!

或是运用小人字母表，与朋友展开一场有趣的解谜游戏!

字母	符号	字母	符号	字母	符号	字母	符号	字母	符号
A		B		C		D		E	
F		G		H		I		J	
K		L		M		N		O	
P		Q		R		S		T	
U		V		W		X		Y	
Z									

小人图案代表的字母

第 4 章

不是不可能的咸鱼翻身

对称式及非对称式密钥密码系统/著名加密标准：
DES / 3-DES、AES、RSA

給秘密加把锁

　　麒哥看看日历，已经好一阵子没去找法老王了。一方面是店里陆续有些老旧设备需要汰换，找厂商估价什么的花了不少时间；另一方面他也不希望自己占用法老王太多时间，毕竟他要备课什么的，应该也很忙才对。

　　手机铃声响起，是法老王打来的。

　　"阿麒，最近很忙吗，怎么好几个星期没你消息啊？"其实法老王也忍了好几天才打电话，一来是怕麒哥真的有事在忙，二来也怕麒哥误会自己是来"催交作业"的。

　　"我觉得自己之前太打扰你了，你平常要上课，又要做研究什么的，应该也很忙吧。"

　　"哎哟，你在客气什么，都多少年的老朋友了！"法老王松了一口气，幸好不是他担心的情形，"你不来打扰我，我的耳朵还会痒咧！"法老王想了想："这样吧，后天我下午没课，而且最近学校的杜鹃花都开了，如果你有空的话，要不要来我们学校，我带你散散步、看看花，再来喝个茶、聊个天？"

　　麒哥心想，大学毕业已经不知道是多少年前的事了，虽然阿智也是个大学生，但他从小独立，就连新生报到什么的都没要人陪，所以麒哥也从来没去过阿智的学校，而且除非法老王邀约，否则他很少主动到外面散步闲晃。

　　"当然好啊！"麒哥很开心，随即在电话里和法老王谈定时间，法老王还仔细地告诉麒哥如何从校门口到系馆。

　　两天后，麒哥兴致勃勃，不但带着打印好的"作业"，还准备了一堆卤味和小菜。昨天晚上，阿智看到麒哥在准备这些东西，还忍不住打趣他："这到底是要去踏青，还是喝酒啊?"

依法老王的指示走到系馆门口，再搭电梯上楼。麒哥按着指标指示，终于找到法老王的研究室。

"欢迎欢迎，"法老王听到敲门声，很快就来应门，"不好意思啊，研究室东西比较多，有点乱……"看了看麒哥手上的袋子。"你是带了什么啊，怎么这么大包?"

"没什么啦，就一些卤味小菜而已。"

"这哪是'一些'，"法老王忍不住笑出来，"我们就算吃三天三夜也吃不完啊!"

"哪有你说的那么夸张，"麒哥不以为然，"你的食量我很了解，我还怕不够呢!"

"嘿嘿，所以我先去了学校餐厅买了些饭，准备来配你的小菜!"法老王笑嘻嘻地从柜子里拿出两副碗筷和一盒热腾腾的白饭。

两人吃喝一阵，麒哥迫不及待地想拿出他的"作业"，但法老王却制止了他："不急，你没听过'肚饱眼皮松'?现在血液都在肚子里，哪有办法想事情?"

"也是。"麒哥表示同意，"对了，你说你们学校的杜鹃花开了，还是我们趁着天气好，先去散个步，消化一下?"

"这个提议不错，马上就走。"法老王随即抓起外套，领着麒哥往校园里去。

法老王和麒哥在校园里漫步，除了享受初春的阳光外，也说了不少心里话。回到研究室，法老王先是好整以暇地泡了壶茶，才慢慢翻看麒哥的作业。

"你在找这些关键词的时候，有没有什么想法？"法老王试探性地问。

"嗯……"麒哥想了想，"因为搜寻结果都很多，所以光是要找出我觉得写得很清楚又看得懂的，就已经很难了。你要我找的这些名词也很有趣，譬如说，既然有'对称式密码系统'和'公开密钥密码系统'，那是不是也有'非对称式密码系统'和'非公开密钥密码系统'？看到后来我又觉得：如果加密这么复杂，那解密的人想必更厉害，而且现在还是有很多盗刷盗用的案例，那么到底该怎么做，才能百分之百安全？"

"你说到了很重要的事，等一下我慢慢解释给你听。"法老王翻到其中一页，"像'对称式密码系统'，的确有'非对称式密码系统'，差别在于'密钥是不是同一把'。"

"是不是同一把？"麒哥重复法老王的话，但表情有些不太理解。

法老王起身，从一叠文件里翻出一张纸，上面还有一个看起来很复杂、交叉来交叉去的图。"这个呢，就是'费斯德尔网络加密架构'图。"

密码小教室 🔍

费斯德尔网络加密架构

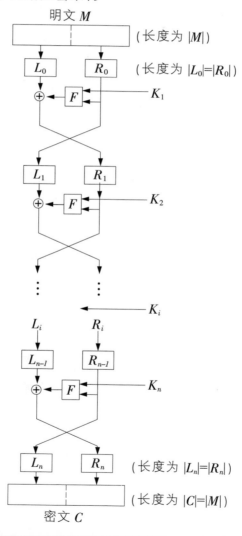

明文 M

（长度为 $|M|$）

L_0　R_0　（长度为 $|L_0|=|R_0|$）

$\oplus \leftarrow F \leftarrow$ ← K_1

L_1　R_1

$\oplus \leftarrow F \leftarrow$ ← K_2

← K_i

L_i　R_i

L_{n-1}　R_{n-1}

$\oplus \leftarrow F \leftarrow$ ← K_n

L_n　R_n　（长度为 $|L_n|=|R_n|$）

（长度为 $|C|=|M|$）

密文 C

对称式密码系统

　　1970 年，霍斯特·费斯德尔（Horst Feistel）提出费斯德尔加密架构，是一种基于对称式密码的机制。从费斯德尔加密架构图可了解到，加密第一回合开始以密钥 K_1、K_2、……K_n 做回合的加密，而解密则以密钥反方向 K_n、K_{n-1}……至 K_1，由原回合顺序的第一回合开始做 n 回合次数的解密处理，待处理完最后便是原始明文的输出，即完成解密。

　　"呃……我其实看不懂……"麒哥努力想理解图上的文字说明，但就是看不懂。

　　"我其实是故意的，哈哈。"法老王说，"就算看不懂说明，不过从这个图上，你可以看出来它经过了好几次加密手续；你刚刚也说，加密是很复杂的事，所以解密的人更厉害，就是因为这样，所以很多加密机制都想办法变得更复杂，让有心人士没办法那么快就解开。"

　　"原来如此。那么这个'费斯德尔网络加密架构'到底是怎么回事呢？"

　　"嗯……"法老王想了想，"我们先用简单一点的方式来说吧。你帮机车上大锁时，上锁和开锁用的是不是同一把钥匙？"

　　"当然啰。应该没有人上锁用一把钥匙，开锁用另外一把吧?"麒哥很快回答。

"没错,这也就是'对称式密码系统'的概念;而如果上锁和开锁用的不是同一把钥匙,那就是'非对称式密码系统'。至于'费斯德尔网络加密架构',嗯……它其实跟蛋炒饭有点像。"法老王说。

"蛋炒饭?"麒哥一脸不可置信。

"没错。我们想象一下,如果白饭可以炒成蛋炒饭,而蛋炒饭也可以还原成白饭的话,那么:白饭是我们想保密的东西,而炒饭的铲子是加密或解密的密钥,炒饭的过程是进行加密或解密,而最后炒好的蛋炒饭就是加密之后的结果。"

麒哥点点头:"嗯,没错。"

"如果我们把锅铲分成两支小锅铲,也把白饭分成两堆,再用两口锅来炒的话,那么两边各炒一阵子,然后交换炒,炒完之后又交换炒……这样交换几次之后,蛋炒饭就可以炒得又松又好吃了。这就是加密和解密机制的设计过程。"法老王一边解说,一边加上动作辅助。

"然后呢?"

法老王离开座位,在书柜前站了一会儿,从满满的书堆里抽出一本书,再翻到某一页。

"这个原理实际应用在系统上,就成了这个。"法老王指指书页。

"DES?"

"DES 是'数据加密标准'的缩写,是大概 20 世纪 70 年代末期开始广泛流传的加密机制，不过后来因为计算机科技发展太快，所以破解 DES 的概率也就跟着提高了。"

"所以现在不用 DES 了吗？"麒哥又问。

"怎么可能。"法老王喝了口茶，润润喉，"每一种密码系统的开发都不是容易的事，随便就放弃也未免太不划算了。后来专家把密钥的长度加长，就像把一般的钥匙换成那种可伸缩的五段锁钥匙一样。密钥加长后，安全性就能提高；不过加密和解密的时间也会拉长。至于现在所用的，是把 DES 做三次加解密运算的'3—DES'。"

密码小教室 🔍

DES（Data Encryption Standard）

3–DES（Triple–DES）

在典型/传统的密码系统中，只有合法地发送双方知道加/解密密钥，此种系统称为对称密钥/秘密密钥/单一密钥密码系统。目前有一个系统叫作 D–E–S 密码系统。D–E–S 密码系统是近四十年来最广为应用的秘密密钥密码系统之一，其设计是出自美国 IBM 计算机公司所研发的"Lucifer"（路西法）系统，而研发者便是霍斯特·费斯德尔，之后路西法系统取得了美国国家标准局的采用，命名为数据加密标准

(Data Encryption Standard，DES)。DES 是利用长度为 56 位的密钥来对长度为 64 位的区块做加密的算法。但现在计算机硬件的技术快速成长，使得计算机运算、处理的速度变快，连带使得 56 位密钥长度的 DES 编码系统变得不安全。

3-DES 系统是 DES 系统更为安全的一种变形。它改善了 DES 密钥长度不足的问题，但同时也衍生了另外的问题：加/解密的速度变慢了。3-DES 加/解密运算是进行三次运算，并且每一次所用的密钥不一定相同，这就相当于使用了一个长度为 168 位（56× 3=168）的主密钥做加密。

"那这个'3-DES'是目前最好的加密机制啰?"麒哥继续追问。

"其实 DES / 3-DES 会用在中等安全性的数据加密，如果有更高的安全需求，就要用更高阶的新一代密码算法，叫作'AES'；它的'ES'和'DES'的'ES'一样，指的是'加密标准'；至于'A'，指的是'advanced'，进阶的意思。"法老王说着，翻到另一页，把标题指给麒哥看。

密码小教室 🔍

AES（Advanced Encryption Standard）

AES 开始于公元 2000 年，它的起源首先得谈到美国国家标准及技术研究所（NIST）发起了一项新密码系统的开发，目的是用来取代 DES 加密法的新一代编码算法，名为"进阶加密标准"（Advanced Encryption Standard，AES），以满足更高安全性的要求。同时，NIST 也提出了 AES 所应该具备的标准，如下：

1. 更长的密钥长度（例如 128 位、192 位到 256 位）。

2. 更大的明文区块容量（例如 128 位）。

3. 更久的安全服役期。

4. 更广的应用范围。

5. 更快的执行速度。

事实上在征求的过程中入选了许多相当不错的方法，不过最后还是只能挑选其中一个最符合这些标准的密码系统。AES 的机制里，密钥的长度是有弹性的，有 128 位/192 位/256 位等三种选择。它的目的就是保护敏感数据，且解决 DES 的密钥长度过短的问题。

"那这个 AES 够安全吗？"

"嗯……"法老王想了想，"其实目前为止还没有任何已知的攻击方法可以有效破解 AES，所以我只能说它是'目前'对称式密码系统中最安全的，而且你知道吗，"法老王随手拿起桌上的蓝牙耳机，"现在普遍使用的'蓝牙 4.0 版'，就是利用 128 位的 AES 来帮数据加密的喔！"

"那'公开密钥密码系统'呢？如果密钥是公开的，那要怎么保护数据安全？"麒哥总算了解对称式密码系统的加密原理，迫不及待想知道另一种名字听起来也很奇怪的加密系统，"而且我在查数据的时候，常常看到'非对称式密码系统'和'公开密钥密码系统'放在一起耶，它们是一样的东西吗？"

"没错，'非对称式密钥密码系统'就是'公开密钥密码系统'。"

"那为什么要叫'公开密钥'呢？这不是很矛盾吗？密钥公开了还有什么保密性可言？"

"公开密钥密码系统是个很有趣的系统，是因应网络快速发展而出现的。"法老王已料到麒哥有此一问，"在说明这个系统之前，你应该还记得我们是从'质数'开始的，对吧？"

"是啊。你说过很多次，质数和密码的关系很深，不过目前为止我还是不太懂为什么很有关系。"

"对。你应该也还记得最新的'梅森质数'有 1700 多万位数字的事。质数越大，越难检验，也因此才能跟加密系统结合在一起。"法老完说着，顺手在纸上画了个公开密钥密码系统的图标。

法老王指着图示："'公开密钥密码系统'的特别之处在

于'公开密钥'在网络上是公开的，但是，'公开'并不表示谁都知道喔！公开密钥密码系统有两把密钥：一把是所有人都知道的公开密钥，另一把是只有拥有者才知道的私密密钥。"

"这种系统的安全性会比较高吗？"

"和对称式密码系统比起来，这种非对称性的系统其实更安全。因为只有拥有者才知道私密密钥是什么。你也知道，秘密一旦告诉别人，泄露出去的机会就很高，而且就算有人知道公开密钥，只要不晓得私密密钥，就一点用也没有。把公开密钥密码系统想象成喇叭锁，就更容易理解了。任何人只要按下锁头，就可以把门锁上；但是要开锁，就一定要找到对的钥匙。"

"原来如此。"

"要了解公开密钥密码系统，还需要知道'单向暗门函数'的概念，公开密钥密码系统就是建立在单向暗门函数上的。它的特色是单向运算非常容易，但是要逆推非常困难，在没有解密密钥的前提下，要破解密文几乎是不可能的。"

"单向暗门函数？"麒哥皱了皱眉，"听起来好难。"

"听起来很难，才会显得它好像很厉害嘛！"法老王开玩笑说，"所谓的'暗门'就是'密道'，没有钥匙就打不开。单向暗门函数是一种质数的运用；而'RSA公开密码系统'又是单向暗门函数的应用。"

密码小教室 🔍

公开密钥密码系统

1976 年，迪菲（Diffie）与海尔曼（Hellman）首先提出"公开密钥密码系统"的概念。这概念是建立在数学的单向函数（One-way Function）上。单向的意思类似单行道，行进方向只能有一个，换言之不会有出现逆向行驶的可能。按照这个概念，单向函数在单向计算上是简单又快速的。相反，若是反向计算却是繁杂困难，所以公开密钥可以很大方地公开于网络上，而无须担心被反向破解。

其实"单向函数"还有另一个名字："单向暗门函数"（One-way Trapdoor Function），加密者本身掌握的秘密密钥就是所谓的暗门，外人无法轻易得知暗门所在，唯有密钥的拥有者，才知道暗门函数。

迪菲与海尔曼提出的"单向暗门函数"于当时仅是个构想，直到 1978 年，美国麻省理工学院李维斯特（Rivist）、萨莫尔（Shamir）及阿德曼（Adleman）三位学者联合提出"RSA 公开密码系统"，才有具体表达形式的"单向暗门函数"。RSA 其命名是取三位提出人的姓氏的第一个字母合并而成，而 RSA 的暗门函数是基于"对极大数作质因子分解的困难度"。

质因子分解

　　一般而言，计算任意两个整数的乘积是很容易的。但是，若反向分解一个整数为质因子的乘积，却是相对困难的。或许这样的描述，会让人无法理解质因子分解的困难，让我们用浅显的数字游戏来导入这样的概念。

　　【范例一】将 55 做质因子分解。

　　【说明】我们可以很直观地知道 $55=5×11$。

　　【范例二】将 1001 做质因子分解。

　　【说明】$1001=1000+1=10^3+1^3$

$=（10+1）×（100-10+1）$

$=11×91$

$=11×7×13$。

　　注：因子分解公式：$x^3+y^3=（x+y）（x^2-xy+y^2）$

　　【范例三】将 99999 做质因子分解。

　　【说明】到范例三时我们发现数字愈大，要做质因子分解愈困难。似乎并无可利用的因子分解公式来辅助。只能用土法炼钢方式，找出 $\sqrt{9999}$ 以下的质数，再从这些质数中一一去找寻可能的因子，最终我们找出 99999=3×3×41×271。

　　由上面这三个范例，我们可以发现随着数字越大，质因子分解所需时间越长、困难度越高。若是数字大到某种程度，找出质因子的时间也会更为漫长。

　　RSA 系统的安全性就是建构在质因子分解的困难上。李维斯特、萨莫尔及阿德曼三位学者当时提出以 129 位数的自然数做质因子分解，并预估约需 1000 年才能解开以 129 位数加密的信息。虽然发现后来利用 1600 部计算机，历经 17 年解密，无须原先预估的 1000 年时间，但仍可见其解密的困难度（其质因子分解可参见下面的 "RSA—129 质因子分解" 表）。

RSA—129 自然数	质因子	
11438162575788886766923577997614 6612010218296721242362562561842 9 35706935245733897830597123563958 70505898907514759929002687954354 1	3490529510847650 9491478496199038 9813341776463849 3387843990820577	3276913299326670 9549961988190834 4614131776429679 9294253979828853 3

RSA—129 质因子分解

　　增加自然数的位数时，质因子分解的时间自然也相对增加，而目前为止，数学家们已经成功挑战 RSA—768，历时三年的时间，利用 2000 部 2.2GHz 处理器的计算机，在 2009 年 12 月 12 日成功地将 232 位数的合成数分解成两个大质因子（可参见下面的"RSA—768 质因子分解"表）。

RSA—768 自然数	质因子	
1230186684530117755130494958384962720772853569959533479219732245215172640050726365751874520219978646939895647494277406384592519255732630345373154826850791702612214291346167042921431160222124047927473779408066535141959745985690214341 3	33478071698956898786044169848212690817704794983713768568912431388982883793878002287614711652531743087737814467999489	36746043666799590428244633799627952632279158164343087642676032283815739666511279233373417143396810270092798736308917

RSA—768 质因子分解

"哈，看到满满的数字，我突然有点头晕。"虽然法老王的说明很容易理解，不过看到这么多自己不擅长的算式和数字，麒哥还是觉得有些害怕。

"别怕别怕，这些数字不会咬你啦。"法老王脑子里盘算着该怎么解说才会更简单清楚，"你还记得'中国剩余定理'和'韩信点兵'吧？"

"当然记得。"麒哥对自己的记忆力很是自豪。

"那些'三个一数''五个一数''七个一数'之类的，我们可以用'模数'来称呼它们。"

"魔术？魔术师的'魔术'？"

"哎呀，不是啦，是'模型'的'模'，'数字'的'数'，英文简称'mod'，不过跟电视的那个 MOD 一点关系也没有。"法老王边说，边在纸上写下"模数"的中英文，"所谓的'模数'就是'把数字用除法运算，再得到余数'的概念。举例来说，如果三个一数，余数是 2，就可以写成'○ mod 3=2'，以此类推。"

"所以如果是五个一数，余数是 3……"麒哥也拿起笔，"就可以写成'○ mod 5=3'啰!"

"没错，就是这样!"法老王弹了弹手指，"有了这个概念，我们再来看一些例子，就会比较容易了解 RSA 是怎么回事。"

说完，法老王又走到书柜前东翻西找，最后抽出一本书，翻开书里的几个练习题。

密码小教室 🔍

模数运算练习

【范例四】加法，$(x+y) \bmod n$。

【说明】假设 $x=8$，$y=9$，$n=5$。

$(x+y) \bmod n$

→（8+9）mod 5

→17 mod 5

→17÷5=3 余 2

→17 mod 5=2。

在模数为 5 的前提下，$x+y$ 的所有情形表示如下表。

（$x+y$）mod n，n=5

x \ y	0	1	2	3	4
0	0	1	2	3	4
1	1	2	3	4	0
2	2	3	4	0	1
3	3	4	0	1	2
4	4	0	1	2	3

【范例五】减法，（$x-y$）mod n。

【说明】假设 x=8，y=9，n=5

（$x-y$）mod n

→8−9 mod 5

→（−1）mod 5

→（−1）÷5 取余数

=−（1÷5 取余数）

=−（1）

=余数 4（即−1+除数 5）

→−1 mod 5=4。

在模数为 5 的前提下，$x−y$ 的所有情形表示如下表。

$(x−y)$ mod n，n=5

x＼y	0	1	2	3	4
0	0	4	3	2	1
1	1	0	4	3	2
2	2	1	0	4	3
3	3	2	1	0	4
4	4	3	2	1	0

【范例六】乘法，$(x×y)$ mod n。

【说明】假设 x=8，y=9，n=5

$(x×y)$ mod n

→8×9 mod 5

→72÷5=14 余 2

→72 mod 5=2。

在模数为 5 的前提下，$x×y$ 的所有情形表示如下表。

$(x \times y) \bmod n$, $n=5$

x \ y	0	1	2	3	4
0	0	0	0	0	0
1	0	1	2	3	4
2	0	2	4	1	3
3	0	3	1	4	2
4	0	4	3	2	1

法老王接着在白板写下一些数字：

1. $p=3$，$q=11$，$n=p \times q=33$。

2. $e=3$，$d=7$。$e \times d \bmod 20=1$。

3. 信息 M：$M_1=$ "U" =数字 21，

　　　$M_2=$ "S" =数字 19，

　　　$M_3=$ "A" =数字 01。

M （明文）	$M^e = M^3$	$C = M^e \bmod n$ $= M^3 \bmod 33$ （密文）
"U"：21 "S"：19 "A"：01	9261 6859 01	21 28 01

C （密文）	$C^d = C^7$	$M = C^d \bmod n$ $= C^7 \bmod 33$ （密文）
21 28 01	1801088541 13492928512 01	21 19 01

　　法老王详细解释运算过程，让麒哥有种大开眼界的感觉。"没想到几个步骤就可以完成加密和解密，而且还真的可以用不同的密钥来完成呢！"他说。

　　"没错！像我们平常使用电子信箱，或网购刷卡时，使用的都是'https'开头的网址，这就是对网络数据传送安全性的一种保护，而且也是 RSA 的应用喔！"说完，法老王伸了伸懒

给秘密加把锁

腰，"休息一下吧，我讲到口水都快干了。早上有学生给我几块蛋糕，我们换换口味，喝个下午茶吧!"

第 5 章

密钥也能这样飞舞

混合公开密钥密码系统与对称式密码系统/HASH 函数/
HASH 函数检查信息"正确性"与"完整性"/数字签名/
数字签名的特性/双重签章/中间人攻击/凭证/
公开密钥基础设施

法老王拿出蛋糕，还冲了两杯咖啡，整个研究室瞬间弥漫咖啡的香气。"换换口味。这咖啡豆是学生推荐的，我还挺喜欢的，你也喝喝看！"

麒哥拿起杯子，小心地喝了一口。"哇，好香！现磨现冲的咖啡就是不一样。"

"不错吧。"法老王挑挑眉，"听到现在还 OK 吗？如果有需要我再说明的，不要客气喔。"

"我怎么可能跟你客气。"麒哥嘿嘿笑了两声，"关于刚刚你讲的那个'公开密钥密码系统'，难道它就这么万无一失吗？"

"没有什么东西是只有优点、没有缺点的，公开密钥密码系统当然也不例外。它虽然安全性很高，不过因为密钥分成两把，所以相较之下，它的加密和解密速度就没有那么快；如果跟 DES 比，速度可是比 DES 慢了接近一千倍喔！所以在应用上，我们常常取两者的优点，截长补短，把 DES 加/解密较快的特性和公开密钥密码系统的方便性结合在一起，做成混合系统。"

法老王在纸上画了个示意图，说明如何把两种系统混合在一起。

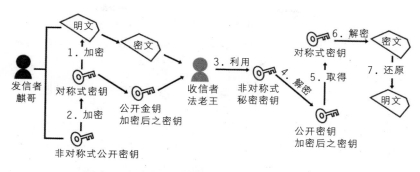

混合公开密钥密码系统与对称式密码系统

　　法老王接着说明："发信者麒哥是传送方，收信者法老王是接收方。明文的档案内容利用发信者麒哥的'对称式密码系统'的密钥加密，这就是利用对称式密钥加密速度快的优点，也就是可以快速把明文转换成密文。接着再用收信者法老王的公开密钥，把对称式密码系统里的密钥加密，这是通过'公开密钥密码系统'的公开密钥在管理上容易取得的优点。"

　　"我懂了！这样一来，只有收信者法老王才能解密这个密钥。发信者麒哥把密文和加密后的密钥传送给收信者法老王，法老王接收后，先利用'公开密钥密码系统'的另一把秘密密钥，把加密的密钥解密，取得真正的密钥。接下来用真正的密钥解密所有密文，成功传递了秘密信息！"麒哥说，"看起来虽然好像比较复杂，但其实是取两者的优点，效果反而更好。"

　　"没错。我们可以再进一步想想看：假设我们现在在乎的不是信息是否公开，而是真假，也就是有没有遭到伪造或窜改

113

的可能性，那么该怎样保护这些信息？"

"嗯……公开密钥密码系统没办法做到这一点吗？"麒哥很直觉地反问。

"可以。公开密钥密码系统的发展，对于防止信息遭到窜改或伪造也有很大的贡献。事实上，这些密码系统也都有保护信息正确性与完整性的功能。不过我们还是可以用其他的工具来检查信息有没有被别人掉包或变造。"法老王翻出平常上课用的讲义，"'哈希函数'，或是直接用英文'HASH 函数'就是常用的一种工具。"

密码小教室 🔍

哈希函数

HASH 函数的功能，是将各种大小长度的信息，经由 HASH 函数的运算之后得到一组固定长度的短信息，通常称为 "DIGEST"（摘要）。

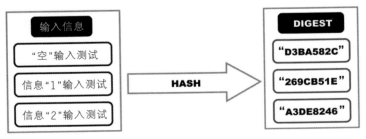

HASH 函数的单向性、抗碰撞、扩张性

从上图我们可以了解 HASH 函数所具有的三种特殊性质，分别是"单向性""抗碰撞"及"扩张性"。

"单向性"：指的是只能得到右边的输出结果，但是无法反推回去，如同机动车单行道一样，所以叫单向。

"抗碰撞"：指的是不同的字有不同的对应输出结果，不会出现不同的文字却有相同对应输出的情形。

"扩张性"：指的是即使只是一些微小的文字变化，也会得到差异极大的输出结果。

由图中的第二项信息至第四项信息，我们可以发现，尽管输入的内容仅仅为"空/null""1""2"等信息上的差异，但经由 HASH 函数所产生的摘要，可以明显地看出两者的摘要有相当大的差异。

"'单向性''抗碰撞'和'扩张性'的说明我大概都看得懂；也知道不管输入什么信息，产生的摘要长度都是一样的。不过这样要怎样检查信息的正确性和完整性呢？"麒哥问。

"说到这个，我再画个图给你看。"说完，法老王又开始在纸上唰唰唰地画起图。

密码小教室 🔍

哈希函数检查信息 "正确性" 与 "完整性"

　　发信者麒哥可以将庞大的信息使用 HASH 函数来产生信息的摘要信息，再将摘要信息连同原始信息一并传送给收信者法老王。

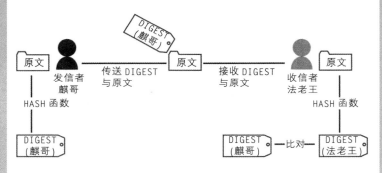

利用 HASH 函数检查信息 "正确性" 与 "完整性"

　　收信者法老王将收到的信息，利用 HASH 函数取得信息的摘要后，再将发信者麒哥的摘要与法老王的摘要比对。如果比对后不相同，则信息在传送的中途可能遭到窜改，或是信息传送错误。如果相同，则可以认为收到的信息并未传送错误或遭窜改，如此则能达到检查信息 "正确性" 与 "完整性" 的目的。

麒哥又问："那哈希函数和公开密钥密码系统有什么关系吗？"

"了解哈希函数的基本原理后，就可以把它跟公开密钥密码系统结合，比如说，"法老王思考着适合的例子，"脸书账号被盗或信用卡被盗刷之类的事，你应该都有听过吧？"

"当然。所以我一直不是很敢在网络上刷卡买东西，很怕一个不小心，诈骗集团就找上门了。"

"但是只要利用公开密钥密码系统，就可以解决这些事情。公开密钥密码系统有另一个重要的功能，叫作'数字签名'，可以用来辨识数据和身份的真实性。"法老王说。

"数字签名？类似我们签合约时要签名盖章一样的概念吗？"说到"签章"，麒哥很自然想到签约，毕竟开店做生意最熟悉的就是和各往来厂商签订合约。

"的确很像。大家通常会觉得网络交易不太令人安心。从买家的角度来说，在没看到实际商品的情况下，光靠几张照片，不知道商品质量是不是够好，甚至怕卖家根本就是诈骗集团；从卖家的角度来说，万一买家收到货品后不认账、不肯付款的话，这样就亏大了。"法老王说完，叉起盘子里的蛋糕，一口吃掉。

"可是网络上谁也看不到谁，又不能真的签合约。"麒哥想象在虚拟世界"签约"的样子，但怎么想都觉得很怪异。

"我们刚刚不是提到公开密钥密码系统吗？私密密钥，也就是'私钥'，是独一无二的，就和签名一样；那么如果用私密密钥签名，再用公开密钥验证，就可以达到签名和验证身份的要求了。"

"所以也可以像平常签约那样，签了就不能反悔？"

"没错。数字签名有三种特性：完整性、鉴定性和不可否认性。'完整性'指的是保证文件内容没有变造，而'鉴定性'是指可以确认签署者的真实身份。至于一旦签了就不能反悔，就是所谓的'不可否认性'。"

"哇，真的跟一般签约很像呢。"麒哥没想到密码系统也可以做到这些事，"但是要怎么做啊？"

"这个就要用到刚刚说的'哈希函数'了。"法老王再次翻开上课的讲义。

密码小教室 🔍 ▢ ▢

数字签名的过程

借由 HASH 函数所产生的摘要信息与数字签名的结合，发信者麒哥将原文经过 HASH 函数计算后，得到摘要信息。接着，麒哥再使用私密密钥将摘要加密，此一步骤则完成签章动作。麒哥连同原文与签章后的摘要一并传送给收信者法老王。

法老王接收后，为验证原文是否遭到窜改及确定信息是否由发信者麒哥所传送，必须先利用麒哥的公开密钥将签章解密，获取麒哥的摘要信息。法老王再将收到的原文输入同一 HASH 函数计算，获取另一份摘要后，再进行比对工作，验证两份摘要是否相同。如此一来，即可同时判断原文是否经过窜改，并确定信息由发信者麒哥所传送，达成"数据完整""身份鉴定""不可否认"的多重目的。

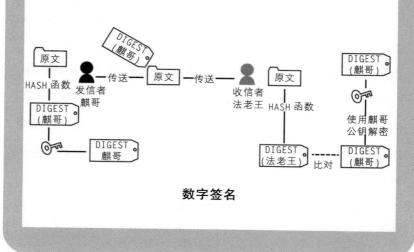

数字签名

"所以说，我们利用哈希函数的特性达到'完整性'的要求，用数字签名来达到'鉴定性'和'不可否认性'的要求?"麒哥想了想，试着自己归纳结果。

"完全正确!"法老王赞许地说，"我还怕你会觉得太难呢，没想到你还真会抓重点。"

"老师这么好，学生自然不会差到哪里去。"麒哥顺手拍了个马屁，"不过我也不否认我天资聪颖啦。"

"最好是这样！"法老王被逗笑了，忍不住又损了麒哥一句。

"言归正传。那这个'数字签名'可不可以发展成一对多的系统？比如说，我常常会跟很多厂商往来，所以我有一颗签约专用的印章，这样比较省事。"

"当然可以。就像你说的，我们可能同时会和很多人往来，甚至这些人彼此也有关系，这时候就可以执行双重或多重签章。我们用个比较常见的例子来说……"法老王又开始画图，"假设小雄和小婷是同事，某天小雄要请假，所以要找小婷当他的职务代理人，而且还要跟老板请假。但是老板还需要知道谁是小雄的代理人，而小婷也需要小雄跟老板说自己就是小雄的代理人。"

"所以小雄只要同时发出'请假'和'小婷是代理人'的信息给另外两个人就可以了？"

"没错。小雄发信时，同时利用哈希函数对这两条信息产生摘要，然后对摘要做数字签名后，再传送出去；当小婷和老板收到小雄的数字签名后，再利用小雄的公开密钥，鉴定这条信息是不是真的由小雄发出的。但是……"法老王把"小婷"和"老板"圈了起来，"小婷和老板两个人要怎么彼此确认呢？这时候就是'双重签章'出场的时候了，这样一来，小雄就可以分别通知小婷和老板，完成请假手续。"

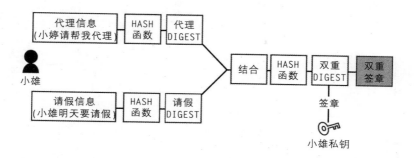

双重签章

"你看,小雄分别将两条信息执行 HASH 函数,运算出摘要信息,接着小雄把两条摘要信息绑在一起,再把这条结合的摘要信息执行 HASH 函数运算,得到双重摘要,这时候小雄就可以对这条双重摘要信息进行签章,完成'双重签章'。"

麒哥看了看图。"那接下来呢?"麒哥问。

"接下来,小雄就可以利用这份'双重签章'分别通知老板和小婷,顺利完成请假手续,细节的部分你看下面这张图。"法老王说。

给秘密加把锁

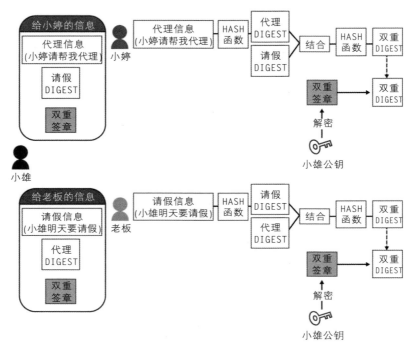

老板与小婷的双重签章

麒哥试着分析："小雄把'双重签章'、请假信息与请小婷代理的摘要信息，传送给老板。老板接收这条信息，利用小雄的公开密钥将'双重签章'解密，取得双重的摘要信息。所以……老板现在会有三条信息，分别是解密后的双重摘要信息、请假信息与小婷代理的摘要信息，对吧？"

法老王回答："没错！而依验证的步骤，老板要先将请假信息输入 HASH 函数计算出摘要信息，并且结合请小婷代理的摘要信息，再输入 HASH 函数，得到另一份双重摘要信息。最后，将解密后得到的双重摘要信息，与老板自行输入 HASH 函数的双重摘要信息进行双重摘要信息比对，就可确认信息的完整性及正确性。老板看到请假信息及代理的信息摘要，可以推知小雄确实寻找了代理人。"

"那我来看看图下面的第二部分。小雄也将'双重签章'、请求代理信息、请假摘要信息传送给小婷。跟上面第一部分步骤相同，小婷使用小雄的公开密钥解密'双重签章'，取得双重摘要信息后，将请求代理信息输入 HASH 函数，取得请求代理摘要信息。接着，把请假信息摘要与代理摘要信息相结合，得到另一条双重摘要信息。最后将两条双重摘要信息进行比对，也一样可以确认信息的完整性和正确性。而小婷看到代理信息及请假信息的摘要，可以推知小雄已经告知老板。公开密钥密码系统再加上数字签名，这样应该很安全了吧？"整理完数字签名的运用后，麒哥又问。

"理论上是这样，不过还是要靠'凭证'的落实，才能让数字签名的使用更安全。"法老王说。

"凭证？"

"简单来说，它可以保障用户的个人身份资料和密钥的安全。"

"如果没有凭证的话，会发生什么事吗？"

"嗯……"法老王想了想，"我们先来讲一下可能的风险好了。假设你要传一封邮件给我，先用我的公开密钥加密，再把加密后的信息传给我。看起来都很安全，对吧？但是你怎么知道这公开密钥真的是我的？说不定是别人伪造的。"

"对，的确有这个风险。"

给秘密加把锁

"这种'掉包'的方式就叫作'中间人攻击'。"法老王拿出另一本书，指给麒哥看。

密码小教室 🔍

中间人攻击

"中间人攻击"是指非法使用者将合法收信者的公开密钥掉包，替换为自己的公开密钥，让发信者误以为加密密钥是收信者的公开密钥，并进行加密。

发信者把密文发送出去时，非法使用者便撷取发信者的加密信息，并使用自己的私密密钥解密密文，顺利读取信息后，再窜改信息，利用收信者的公开密钥加密信息传送给收信者，使得收信者误以为信息是发信者所传送，造成纠纷。这一类攻击，若发生在买卖交易行为上，影响甚巨，更会造成使用者不必要的损失。

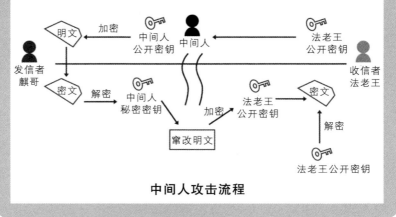

中间人攻击流程

"为什么会发生这种事呢?"麒哥问。

"主要是因为密钥没有经过认证。"法老王说，"如果能在取得密钥的同时就进行比对，确认这把密钥是谁发出的，就可以防止中间掉包。"

"那要怎么检验?"麒哥又问。

"其实很简单。只要在公开密钥上再加上数字签名，就可以确认是谁拥有的。这也就是我刚刚说到的'凭证'。至于凭证……"法老王翻到另一页，"我们可以看看这里的说明。"

密码小教室 🔍

凭证

凭证是一项很好的认证机制，它是由一个公正及信赖的凭证机构（Certification Authority，CA）所发行，针对用户的个人身份数据及用户本身的公开密钥进行签署认证，确认相关信息无误后，则核发数字证书。

过程中，可以了解到数字证书是将使用者的个人身份与公开密钥联结在一起。所以若要避免"中间人攻击"，可借由数字证书获取使用者公开密钥并证明此公开密钥是否正确。凭证为保证有效性，有一定的使用期限，非永久有效，期限一到就需更新凭证内容。

　　从下图我们可以知道，公开密钥凭证是凭证管理中心为使用者所发的证明文件。如果以使用者麒哥的公开密钥认证为例，麒哥会将公开密钥送至凭证中心做认证，凭证中心确认公开密钥确为麒哥所有后，就会产生凭证并放于凭证储藏库（Repository）。

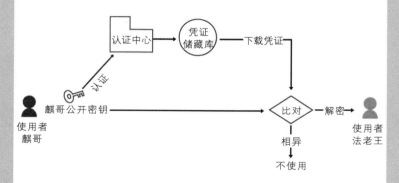

数字证书过程

　　若用户法老王想通过公开网络取得麒哥的公开密钥，且欲确认公开密钥是否确实为麒哥所有，可至凭证储藏库下载凭证比对。若凭证相同，表示公开密钥确为麒哥所有；反之则有问题，不可轻易使用此公开密钥。另外有一个更常听到的名称，叫作"公开密钥基础设施"（Public Key Infrastructure,

PKI）。"公开密钥基础设施"是运用公开密钥及公开密钥凭证，以确保网络交易安全性及确认交易对方身份的机制。

"那这个'公开密钥基础设施'和'凭证机构'有什么关系呢？"

"'公开密钥基础设施'借着'数字证书认证机构'做'可信赖的公正第三人'，将使用者的个人身份和公开密钥链接在一起，再通过认证机构所核发的凭证确认彼此身份，以提供隐秘性、来源鉴定、完整性和不可否认性等安全保障。"法老王回答。

"所以……那个什么'自然人凭证'也是一样的概念吗？"麒哥想起以前阿智曾拿着他的证件去申办，说是这样报税时比较方便。

"自然人凭证？"法老王好奇麒哥怎么会突然提到这个。

"不是啦，几年前阿智去帮我办什么'自然人凭证'，他说有这个比较方便，报税什么都可以在网络上弄，也不用自己去排队。"麒哥抓抓头，有些不好意思。因为阿智虽然帮他办了自然人凭证，但是他完全不知道该怎么使用。

"你只要把'自然人凭证'当成'网络身份证'就可以了，有了这张凭证，不但可以缴税，要查询社保数据、监理数据或使用其他政府提供的服务时，也都非常好用喔！而自然人凭证也就是这一套‘公开密钥密码系统’最直接的应用喔！”法老王说。

"原来如此，我回去之后再好好研究一下，这样以后报税时就不用那么辛苦填报税单或花这么多时间排队缴费了!"

第 6 章

永恒的唯一

网络相簿私密照曝光/维基解密/忧患意识/自我的唯一

给秘密加把锁

"王叔叔，好久不见！"一听到门铃响起，阿智马上就去开了门。对他来说，法老王不但是爸爸和妈妈的好朋友，更是他们家不可或缺的支柱，而且麒哥并不知道，其实阿智和法老王私底下一直有联络。毕竟麒哥也未必会把所有心事都说出来，通过"里应外合"的方式，阿智和法老王才能更了解麒哥的想法。

话说，当初阿智并没想到自己写的那封"劝父信"竟然这么有效。其实那些数字根本算不上密码，只是流行了好一阵子的"数字谐音"罢了，大家在网络上聊天时也常用"881"代替"掰掰"，或用"886"代替"掰掰啰"。兴起用数字谐音来写信的念头，一方面是那时候刚开始上密码学，老师第一堂课就提到这个例子；另一方面则是当时的麒哥实在太易怒了，说到"关键词"就会掀桌，他只好想个迂回的方法。

自从麒哥开始跟着法老王"上课"后，不但渐渐把喝酒改成喝茶，阿智也常看到爸爸泡在计算机前面查数据，有时还会来问他是什么意思。光是这一点，就算请法老王吃十顿饭也值得。

"最近好吗？"法老王这一问并非只是客套，近期常常跟麒哥混在一起，和阿智的联络的确变少了。

"很好啊！王叔叔也好吗？还有……"阿智先瞄了一眼，确定爸爸不在旁边，"我爸的'课'上得还好吧？"

法老王窃笑两声。"我很好；但你也太看不起你爸了吧，他以前可算得上是个才子型的人物，领悟力很好的。说到上课……"他话锋一转，"你爸说你在修资安之类的课?"

"对啊!"阿智朗声回答，"我觉得还挺实用的。毕竟几乎每天都要用到网络，多了解一点保护自己的方法还是好的，而且我本来就很喜欢数学，所以上得很开心；作业有点多就是了。"说完，阿智忍不住耸了耸肩。

"我好歹也是个老师，你在我面前抱怨你们老师的作业很多，未免太不给我面子了。"法老王很习惯和大学生相处，连说话也很像年轻人。

麒哥从厨房出来，看到法老王和阿智在门口聊天。"阿智，怎么没请王叔叔进来坐?"

"不好意思，王叔叔。请进。"阿智做了个手势，请法老王进门。

"不用这么客气。"法老王进屋后，一眼就看到满桌的菜，"哇，阿麒，你这桌会不会太'丰盛'了一点啊?"

开始提到密码系统后，难度一下子提高不少，于是他想到利用电影或影集来增加理解度。而麒哥一听到法老王打算找部电影来说明密码系统，顺水推舟地要法老王带着片子来家里看，他心想：法老王很久没跟阿智碰面了，也刚好趁这个机会让阿智知道自己的确有了改变，所以才提出"家庭电影院"的邀约。

"哪有'丰盛'？都是市场现成的菜。"麒哥布置好碗筷，招呼阿智和法老王坐下开饭。

吃完饭后，麒哥又切了一盘水果、泡了一壶茶。"老王，

給秘密加把鎖

你今天带了哪部片子?"

"是这一部。"法老王从包里掏出一张 DVD，"《猎杀 U—571》，十几年前的电影了，虽然有点久，不过还是很棒的片子喔。"他把 DVD 交给阿智播放。"这部电影是以第二次世界大战为背景的，而且电影里面所使用的密码机，就是之前跟你提过的'英格玛密码机'。"

密码小教室 🔍

德军的秘密

电影《猎杀 U—571》中，德军所使用的密码机便是英格码机，搭配一本"密码本"（Code Book），依据日期的不同设定不同的密钥。英格码机与密码本是德军传递军情的重要工具，是最高机密。德军潜舰遭遇紧急状况时，为了不让重要秘密——英格码机与密码本落入敌军手中，必须彻底摧毁，防止敌军夺取。电影中出现的密码本是由特殊水溶性的墨水印制，在紧要关头，只需丢入水中即可完成摧毁的程序，让敌军无法获取或复原其通讯机密，是种保护程度很高的保密措施。

这段事迹在历史上也有相关记录。1941 年 5 月，英国皇家海军从德国潜艇 U—110 取得英格码机，并在来年 1942 年 10 月从德国潜艇 U—559 取得密码本，经过许多数学家与密码学家的研究，终于破解了德军的通讯系统。盟军借此得以掌控德军的行动，扭转了北大西洋的战局。

德军的重要秘密就是密码机和密码本，借由这两项"秘密"武器，德军建构了极精密的军事通讯系统。第二次世界大战期间，德军制造了多达 20 万部英格码机，将重要的军事信息与指令经由密码机传递，不被盟军解密。但是，所谓水可载舟，亦可覆舟，德军不知英格码机已被盟军的密码学家破解，仍继续使用传递军事信息，导致许多军事行动与部署都被盟军所掌握，因而战败。

看完电影后，三人坐在沙发上聊天。

"好刺激喔。"虽然这部电影上映时，阿智才念幼儿园而已，不过现在来看还是很过瘾。

"对啊，"麒哥附和道，"虽然德军的密码情报系统这么厉害，可是一旦被破译就什么都完了。"

"没错。就像我之前说过的，虽然现在有这么多很复杂的密码系统，但是不保证它一定安全；更何况是我们放在网络上的很多信息其实都很私密，不管是脸书或 LINE 的留言、网络

给秘密加把锁

相簿，抑或网络购物的交易数据，只要我们使用这些服务，就要了解它的风险。"法老王说。

"我还常听到身边有人的脸书或 LINE 账号被盗。"阿智接道，"而且电视上也有很多像是网络相簿被破解、私密照外流之类的新闻。"

密码小教室 🔍

秘密因密码而外泄的风险

设定密码固然有保护自身秘密的用处，但有可能会因为网站设计的安全漏洞，或者密码强度不够，过于简单，例如将账号或生日设为相簿密码，让有心人经几次错误尝试后，便很容易猜中。这些不够完善的网站安全设计，或者使用者不良习惯，在不经意中使得重要的秘密面临曝光危险，例如私密照曝光的案件层出不穷：

● 2010 年 11 月，新北市一名高职女学生将自拍裸照放在加密的博客相簿，因在网络游戏与人发生口角，其后遭到私密相簿密码被破解并广为传播的报复行为，女学生知悉后痛哭："以后怎么做人?"

● 2007 年 3 月，有一名男子通过实时通讯软件与许多女网友聊天，并借机获取大量女网友的生日、电话、地址等相关个人资料，再利用这些个人资料排列

134

组合，找出女网友们私密照的相簿密码，下载并观看这些性感自拍私密照，甚至恐吓女网友继续拍照供其欣赏，否则将在网络上公布这些照片。

● 2009 年 3 月，有人在色情网站征求特定正妹的相簿私密照内容，请版主破解。不久，受指定的相簿私密照即遭到公开，某知名网站的"百大正妹"更是指定首选。警方分析可能为内神通外鬼，认为网站管理员是最大的嫌疑者，他们具有最高权限，能掌握档案的读写、存取等功能。

● 2009 年 11 月，有科技大学学生借由网站设计漏洞，跳过相簿的密码检核功能，直接下载上百名女子的私密照片，并在网络上兜售密码、私密相片以及破解方法，造成相关当事者受害。

● 2014 年 2 月，台湾地区三大入口网站之一PChome 传出使用手机浏览"加密相簿"无须输入密码，引发会员恐慌。对此，PChome 坦承疏失，由于手机版本未同步更新，目前已紧急修正错误。警方指出，若是民众发现"加密相簿"的私密照外流，可先拍下手机版的网页画面作存证，以方便日后诉讼。

这些遭公布的网络相簿，都是受害人的重要秘密。但是因网站资讯安全漏洞或密码遭到破解，使得隐私的数据外泄，完全无法抵抗。原本是出于美意提供多媒体数据分享的服务，却发生侵害使用者权益的资讯安全问题，造成受害人难以磨灭的心灵伤害、名誉受损等憾事。

"这样的秘密就一点都不是秘密了嘛。"麒哥想了想。

"我倒觉得'若要人不知，除非己莫为'。"阿智说，"现在的黑客都超级厉害，就算政府的机密也一样'骇'得出来。就像有一个叫'维基解密'的组织，他们就公布了许多档案，包括美军在巴格达滥杀无辜的影片、美国驻外使节对各国领袖的评论或各国之间未公开的指示或命令。"

"前两年也有一部电影，讲的就是有关'维基解密'这个组织，"法老王接着说，"而且因为这个组织所公布的数据有很多都是关于美国的，所以除了重创美国的形象，更有人形容这是美国'外交的9·11事件'。"

密码小教室 🔍

维基解密

维基解密（WikiLeaks）是创立于2006年的一个非营利组织，创办人是澳大利亚人朱利安·保罗·阿桑奇（Julian Paul Assange）。该组织致力于信息的公平公开，认为公众有知情的权力，以促进真正的正义公理，因此接受许多匿名以及网络披露的数据，经过审慎评估真实性后，公布在其网站上并附加评论。

维基解密被视为"外交的9·11事件"，影响巨大，因为有太多军事与外交秘密遭到披露，造成各国外交恐慌，尤其是美国有许多机密资料被该网站公布。这些数据被认为是由网络黑客提供，或甚至是美国内部相关人员泄密。维基解密至今备受争议，但它的数据公开提供确实造成美国的形象与外交的严重受创。

遭公开的机密档案如：

（1）美军机密档案

● 2010 年 4 月，公布美军在巴格达滥杀民众的影片。

● 阿富汗与伊拉克战争资料。

（2）2010 年 11 月，公布美国驻外使馆传给美国国务院的机密电报，内容包括美国外交官对部分国家官员的形容。例如：

● 意大利总理贝卢斯科尼被形容为"身为当代欧洲领袖，缺乏效率、太自负且无能，同时因为晚上都在开派对，生理上、政治上都很软弱"。

● 法国总统萨科齐的行事风格被形容为"易怒且专制"。

● 津巴布韦总统穆加贝是个"疯老头"。

● 美国驻厄瓜多尔大使在 2009 年的电报批评总统科雷亚明知新任警察总长胡尔塔多贪腐，却还是任命他。经维基解密披露此电报后，科雷亚将该大使驱逐出境。

（3）其他

● 美国国务卿希拉里·克林顿要求外交官员们搜集各国重要官员与外交官的 DNA、生物虹膜、指纹、信用卡卡号、网络密码等个人资料。

"对了，我想到一件事。"麒哥突然想起什么，对着法老王说，"上次你跟我讲完密码系统后，我突然想到，其实中文也有类似'密码'的设计喔！"

"中文也可以设计成密码？"法老王第一次听到这种说法，非常好奇。

"对啊。最常见的就是'灯谜'和'藏头诗'，另外像《红楼梦》第五回对'金陵十二钗'的判词，也算是一种密码喔。"虽然毕业多年，但原本就读文学科系的麒哥可还宝刀未老。

"你们看，我们只是随便闲聊，就可以讲出这么多有关'泄露秘密’的事情，可见好好保护自己的信息有多重要。”法老王说。

　　“这么说，在网络上其实没什么隐私可言嘛。”尽管麒哥已经了解密码系统的许多加/解密机制，但又觉得似乎总是道高一尺，魔高一丈。

　　“各个网站虽然使用了很好的密码系统，但是不能光靠别人啊，身为使用者的我们也应该建立正确的使用习惯。”法老王解释，“比如说，大家都知道不要用生日、电话、门牌、身份证号、英文名字之类的个人资料当成密码。设定密码时，如果能混合使用英文大小写和数字，再把密码长度设长一点，这样安全度也会大大提升；再者就是定期更换密码，这样就算有人破解或侧录到你的密码也无须担心。”

　　“嗯，其实很多网站在使用者登入时，也会提醒这几点。”阿智附和道，“像是使用防病毒软件、定期更新系统、养成不用时注销网站的习惯也很重要。”

　　“对。以前我去银行办事情的时候，曾经看到上了年纪的老先生、老太太竟然让银行职员把新申请的银行卡密码写在存折上，这样实在太危险了。”麒哥也跟着说。

　　“这些都是生活中的小细节，却可以保护我们的秘密并减少外泄的机会。就算系统再厉害、政策再完善，如果没有良好的使用习惯，一切都是空谈。”法老王总结道。

电影中透露的解密危机

防线也可能成为致命弱点
——猎杀 U—571 (*U—571*, *2000*)

以第二次世界大战为背景，描述英美领导的同盟国与德国间的潜艇战争故事，是一部将历史事件搬上屏幕的电影。

在第二次世界大战中欧洲沦陷以后，战场移到北大西洋战线。初期都是德军占上风，德军将 U 型潜艇遍布大西洋，只要找到目标，便通过通讯加密系统，联络附近潜艇前来支援，以围攻的方式歼灭对方。这种有效的攻击方式使德军摧毁许多英美的船舰，并切断运送战略后勤物资的补给线，而英美制造船只的速度根本赶不上被德军破坏的速度，英美盟军损失惨重。

当时德军拥有火力强大的潜艇，以及优异的秘密通讯能力，盟军无法破解其通讯内容。德军得以在北大西洋神出鬼没，击沉许多商船和军舰，让盟军相当头痛，却毫无反抗的余地。因此，盟军若要赢得胜利，势必破解德军通讯内容。最后盟军能摧毁德军的军力侵略，关键的确在于此——解密德军秘密通讯内容，掌握德军的军事部署行动。

一天，盟军侦测到一艘代号 U—571 的德国潜艇因故障正在发出求救讯号，一定要抓住这难得的机会。盟军将自身的军舰伪装成德军的维修舰，以维修为名接近 U—571，试图夺取德军的密码机，解译德军的通讯内容。

美国海军上尉安德鲁·泰勒参与了这项任务，他和下属们登上 U—571，攻击、俘虏潜舰里的德国人，并完成最重要的任务，找到了德国秘密通讯的密码机。正准备离开 U—571 潜艇时，他们的舰艇 S—33 却被赶到的德军击沉，并准备攻击已被盟军控制的 U—571。盟军处于极度危机之下，就在千钧一发之际，盟军因侦测到大批德军舰艇而适时反击。最后，U—571 成功躲过追击，并带着德军的密码机返航，立了大功，并最终使盟军赢得第二次世界大战的胜利。

自我的唯一
——网络惊魂 2 （*The Net 2.0*，2006）

数字化的时代，户籍数据、前科数据、银行账户、房屋数据等各类数据，无一不使用计算机管理与储存。但必须特别留意的是，数字化的数据可进行不着痕迹的复制与修改。

电影中，美国领事馆人员依据远程数据库显示的个人资料，认为主角卡西迪的身份是鲁斯。没有人相信卡西迪的说辞，尽管她就是卡西迪本人。这种情形就是所谓的"身份窃盗"，当事人的身份遭到他人冒用，包括姓名、工作、银行账户、信用卡等，要想证明自己的身份难如登天。

霍普·卡西迪原是一位专业的计算机工程师，她接受国际苏沙公司的聘请，来到土耳其伊斯坦布尔进行网络安全的防护工作，但是周遭的一切都非常诡异。首先是她的网络银行账号密码遭到盗用，存款被盗领一空。接着她在土耳其的美国领事馆办的新护照，上面的照片是她，但是名字却变成了凯莉·鲁斯。本以为是行政疏失，改天再修正即可，没想到回到办公室，却发现有人冒充她的身份，而她却真的成了凯莉·鲁斯。任何可以证明她身份的文件都遭到窜改，甚至可以证明她真实身份的人，例如领事馆办事员，都惨遭杀害了。

更糟的是，因为先前接下一家俄国军火商的公司（嘉勒大国际控股公司）的信息安全检核工作而担任检核工作人员的卡西迪，知道该公司的账号密码。卡西迪被认定为冒牌货，且被指控转出大笔款项而遭到通缉与追杀。

卡西迪最后被男友詹姆斯搭救，正当危机四伏时，却因为歹徒与男友都说出相同的话，"相信我，我会把你的噩梦变成美梦"，才发现一连串荒谬的遭遇都是男友的阴谋，为了钱，让她当替死鬼。

为了得到换回身份的谈判筹码，卡西迪利用旁人无法取代的计算机专长，伪造银行总裁的假 E-mail 以及自己与银行总裁的合照，要求员工将赃款汇入自己的新账户中。在此过程中，员工因为相信伪造的 E-mail 与照片，而未进一步检查卡西迪的身份证件，就把钱转入她的户头。

最后卡西迪靠着她的才智与勇气，以及国际刑警的协助，脱离困境。但是因为犯罪集团尚未根除，所以她只得使用国际警察为她创造的全新身份，在世界上生活下去。

电影中卡西迪的男友詹姆斯坦承，打从他们交往开始就是个阴谋，因为他正是看准了卡西迪"没父母、没朋友、'没有人生'，消失也不会有人注意"。

　　从情节中可以看出过度依赖计算机的可怕后果。许多人的生活也如同电影般，整天面对着计算机与网络，缺乏实际面对面的人际关系的经营。如果有一天我们也变成了电影中的计算机工程师一样，"消失也不会有人注意"时，是多么可怕的一件事情！此外，剧中女主角过于信任身旁的男友，账号密码遭到盗用竟然浑然不知，这正提醒一般人密码防护的重要认知：即使是最亲密的人，也不宜泄露，以确保安全。

无所遁形
——全民公敌 (*Enemy of the State*，1998)

　　"人肉搜索"是网络搜索的意外发展，从中无非让我们体会到网络的信息威力。然而，在网络强大搜索能力的情况下，又该如何保有我们的隐私权呢？

　　主角罗伯特·狄恩是一名律师，他无意间获得国家安全局主管托马斯·雷诺兹杀害议员的影片，为了不让狄恩将影片公布，雷诺兹带领一群国家安全局探员追杀狄恩，借由职务之便假公济私，对狄恩严密监控。通过卫星及无所不在的录像监视系统，加上刻意安装在狄恩的皮鞋、内裤、手表、领带、西装、笔上的窃听器，狄恩的行踪与动态无所遁形。除了欣赏电影中高科技窃听监控分析技术外，影片也让我们探讨国家安全与个人隐私之间的平衡。

从剧情中，可以想象国家公权机关可能对于个人造成的侵害。科技不断推陈出新，网络上的信息无所不包，如果有天我们也在无意间成为他人监控的目标时，是不是也和主角一样蒙在鼓里？

在台湾地区的街头，政府为了打击犯罪也安装了无数的监视器，虽然达到防治犯罪的效果，却也对一般民众的隐私权有所侵害。监视的影像会不会用于非法用途呢？我们不能排除这样的可能性，就像电影最后的疑问："我们必须监控敌人的行动，也必须监控负责的情报单位。那'谁来监控幕后的主事者呢'（Who's gonna monitor the monitors of the monitors）？"

第 7 章

数字放大镜

数字证据/数字鉴识的必要程序/数字证据的特性/
鉴识阵线联盟/反鉴识/数字水印

给秘密加把锁

上回法老王来家里吃饭，还带了《猎杀 U—571》当"补充教材"，看完后还提供了一些和密码学有关的片单，麒哥乐得全部租回家，当成作业看过瘾。这天下午，麒哥又约了法老王来家里聊天，顺便交换一下观影心得。

两人聊得正起劲，突然听到阿智房里传来一声："哎呀!"

麒哥以为阿智发生了什么事，走到门前敲了几下。"阿智，怎么了?"

过了一会儿，阿智打开房门，声音有气无力的。"我没事，只是 LINE 的账号被盗……应该是。"

"账号被盗?"麒哥问。

"刚刚跟同学用 LINE 的群组在讨论报告，结果别的朋友传了信息，要我去脸书点赞冲人气，我没发现那是钓鱼网址，点下去才知道事情麻烦了。"阿智说。

"哇，真糟糕。那该怎么办呢?"法老王也常听到学生在聊脸书或 LINE 受骗的事。

"总之，就是先停用这个账号，禁止从手机以外的装置登入，写信给客服，然后跟所有 LINE 的联系人说我的账号被盗了，如果我的账号传了什么奇怪的信息链接，千万不要点。"阿智说了几项应变措施，也都是许多博客教大家的标准做法。

"出来喝杯茶，休息一下吧。"法老王拍拍阿智的背。

"这其实是我自己不小心。"喝了几口茶，阿智显得冷静多了，"虽然网络服务很方便，但也让诈骗变得更方便，还好网络上有很多教学视频，教大家如果脸书或 LINE 的账号被盗时该怎么办。"

"我们利用密码系统来保障自己的信息安全，但是如果碰到像这种盗取账号或诈骗的行为，倒也不是完全没办法喔。"法老王说。

"除了阿智刚刚说的那些办法之外，还有什么办法吗？"麒哥问。

"'凡走过必留下痕迹。'这句话你们听过吧？"法老王先卖了个关子。

"听过啊。"阿智和麒哥异口同声地回答。

"即使在网络世界也一样。我们所查询的任何一个网站、发出去的任何信息，或是在计算机硬盘里删除的任何一个档案，它都会留下痕迹，只要利用适当的工具，就可以追踪或复原。"

"这个我知道。"阿智接道，"我们常常碰到 U 盘或存储卡坏轨，这时候就要用救援程序来挽救档案。"

"没错。我们再从另一个方向来想：如果我们发现自己买的在线游戏点数突然不见了，或是网络购物的商品过了一个月还没寄来，或像阿智碰到的 LINE 账号被盗之类的事情，也一样都可以追踪出来是谁或者说哪部计算机干的好事。"法老王说完，掏出手机刷了几下，把页面拿给麒哥和阿智看。

"《'刑法'》第三十六章'妨害计算机使用罪'？"麒哥念出标题，满肚子疑惑，"我都不知道《'刑法'》有这一章。"

"这一章是 2003 年才新增的，主要用来防范四种常见的犯罪行为。第一种就是'无故登入别人的账号密码，或以破解密码的方式入侵别人的计算机'。"

"这就是我跟同学最常碰到的状况嘛。"阿智说。

"没错。第二种是'无故取得、删除、变更别人的电磁记录'，比如说偷删别人计算机里的档案，或把 A 档案换成 B 档案之类的。第三种是'无故以计算机程序或其他电磁方式干扰别人的计算机或相关设备'，最常见的就是计算机病毒。至于第四种，就是制作妨害计算机使用的计算机程序，也就是说，即使投放计算机病毒的人不是我，但如果这个程序是我写的，我也一样会吃上官司。"法老王说了一大串。

"老王，你刚刚说可以用工具来追踪网络世界里留下的痕迹，可不可以再讲具体一点？"麒哥好奇地问。

"那有什么问题。"法老王思考着该怎么开始才好，"你们多少都看过推理小说、警察办案的电影或影集什么的吧？"

"看过。"麒哥点点头，又指了指阿智，"这孩子是推理迷，超迷日本推理小说。"

"那你们应该都很清楚，发生刑案时，警方都会派人到现场做'鉴识'，也就是采集可能的迹证、发现关键的证据，并通过它们所显示的各种状态，试图还原犯罪过程、找出真凶。"法老王接着又说，"即使是网络时代也一样，可以通过数字鉴识，让数字证据还原出犯罪事实。"

阿智想了想，说道："这样说的话，我们平常拿来还原档案的程序，应该可以算是数字鉴识工具的一种；而还原出来的档案就是数字证据啰？"

"可以这么说。"法老王回答，"就定义上来说，电子储存介质内，任何足以满足犯罪构成要件或关联的电子数字数据，包括文字、声音、图片、档案、程序等，都可以是数字证据。警方可通过鉴识工具，对储存在数字媒体中的数据进行萃取，经由萃取出的数字证据，在法庭上可供作犯罪事实的证据。数字鉴识的目的在于搜集、检验和分析数字证据，借由保存的计算机犯罪证据，并通过计算机采集有意义的信息来描绘事件的轮廓、重建事件现场。但是采集到的数字迹证是否遭到窜改，以及这项证据可以证明什么，也都是必须考虑的事情。"

"可是档案要拷贝、修改或删除都很容易啊，要怎样才能追查源头？"麒哥很好奇。

"的确。'不易保持原始状态''难以确定完整性和来源'，以及'不易察觉与解读'可说是数字数据的几项特性。如果是一把凶刀，即使把血迹擦掉还是验得出来，还可以查出制造商或贩卖者，但是数字证据却没办法这么做，所以这时候就可以通过一些程序来追查信息的来源。"法老王解释，"像阿智刚刚说的'救援程序'，就可以还原被删除或毁损的档案喔。"

"还原数据这个我很熟。"阿智"哈哈"笑了两声，"懂得怎样用救援程序来还原档案应该是大学生的必备技能。"

"已经删除的档案为什么可以再还原啊？删掉……不就是消失了吗？"麒哥歪着头，百思不得其解。

"这是因为计算机储存数据的方式跟我们想的有点不一

样。"阿智说。

"阿智说得没错。"法老王接着说明，"拿我老婆来当例子好了。她鞋子非常多，而且每双鞋都有一个鞋盒，有时候根本搞不清楚想穿的那双鞋在哪里。后来她就帮每双鞋子拍照并贴在鞋盒外面，而且还按鞋子的种类分类，这样出门要找鞋子就方便多了。我们也可以把计算机磁盘想成一个一个的小盒子，一般在'文件资源管理器'里看到的档案列表或缩图，其实就像是我老婆贴在鞋盒外面的照片，并不是真正的鞋子。"

"嗯……虽然你这样说，但我还是不懂为什么删掉的档案可以再复原。"麒哥说。

"别急嘛，故事长得很呢！"法老王笑了笑，"现在假设我老婆不想再穿某双鞋，所以撕掉了盒子上的照片，那么现在的状态就只是'不知道那双鞋在哪里'，而不是'鞋子丢掉了'。万一有一天，她又买了新的鞋，于是把新鞋子放进旧盒子里，外面贴上新鞋的照片，再把旧鞋丢掉，这时候旧鞋才真的'不见了'。"

"所以……计算机也是一样，把档案丢进'回收站'的时候，其实只是撕掉最外面的照片，如果再放进新的数据，旧的档案才会真正删除？"麒哥根据法老王的叙述逻辑推论出这样的结果。

法老王点点头："是的。鉴识人员就是利用计算机储存数据的特性，只要硬盘没有重组、没有多次格式化、没有覆写上其他档案，原则上都可以找回'以为'已经删掉的档案。"

"那么，还有什么其他的数字鉴识工具吗？"麒哥又问。

"还有很多喔，可是要用口头说明有点复杂……常见的数字鉴识软件和鉴识操作方法，可从'计算机磁盘''互联网''智能型手机'等等不同鉴识平台上，通过实际模拟案例的方式，以适当的方法搜集完整的数字证据。"法老王摸了摸下巴，"阿麒，还是跟你借一下计算机吧，这样比较清楚。"

"有什么问题。"麒哥走到放在客厅一角的台式计算机旁，按下电源键，"会很难吗？"他指的是法老王接着要说明的鉴识工具。

"一点都不难。看了你就知道。"法老王回答。

密码小教室 🔍

鉴识阵线联盟

(1) 计算机磁盘

假设嫌疑人在 U 盘中储存了非法图片，内容记载了犯罪现场的相关信息。为确保信息不被鉴识人员知悉，该嫌疑者将整个 U 盘格式化，企图毁灭证据。

若搜查行动中，该 U 盘被找到并交给鉴识人员，一旦锁定要鉴识对象的系统环境后，即可开始着手进行鉴识工作。鉴识人员利用随行准备的鉴识工具之一：FinalData，对磁盘扫描。当发现鉴识软件扫描内容中有已遭嫌犯删除的档案和文件，鉴识人员判断，这些数据极有可能是存有非法信息的档案，遂进行档案恢复。

恢复档案后，鉴识人员点选检视恢复的资料，有时会发现遭删掉的图片虽被成功还原，有些数据却并不完整。但从连续的几个档案当中，还是得以判断出确实是被嫌疑者删除的图片。

（2）互联网

对现代人来说，网络不再是遥远陌生的名词。通过网络可以接收数据，也可以上传数据。从鉴识的角度来看，随着网络的普及，网络记录的鉴识已越来越被重视，这是因为通过网络记录可以了解用户在网络上的浏览活动。

你是否有过这样的经验呢？有时候在登入过Facebook、Gmail后，下次开机重启网页要点选账号、密码登入时，居然不必再次输入账号密码就能登入了。或是读取过的网页，下次重新开启时显示速度似乎特别快，这些都跟网络记录的存取有密切关系。事实上，当你使用浏览器浏览网页时，会产生三种记录：历史记录、Cookie 及临时文件。

历史记录

网络管理中，为了方便使用者再度访问该网页，浏览器会将浏览网页的活动及相关网页内容记录下来，而这些记录也就是"历史记录"。以鉴识人员的角度来看，历史记录可以了解用户造访过哪些网站、进行过什么活动，更进一步还可从记录中找出有利的证据。它就像一本记事簿，将浏览记录详细写在记事簿中，供使用者查阅。

Cookie

"Cookie/Cookies"是使用者在读取网页内容时，浏览器为了减少与远程沟通的时间，将浏览的数据与认证信息储存在"Cookie"中，等到下次重新读取网页时，便能大大减少重新存取网页内容的时间，例如会员登入、曾经浏览过的影片及文章等。如此一来，网站就可以运用"Cookie"将用户习惯的操作模式记录下来，让用户免于多花心力再度登入及重新设定的麻烦。

然而，"Cookie"虽然有这样的便利性，却也带来一些隐忧。如果"Cookie"里面的数据遭到恶意取用，使用者的个人资料，如账号、密码以及使用网页浏览器的习惯，便会遭到盗用。

但是若有不法的网络事件发生时，"Cookie"反而可以使调查人员在鉴识工作里发挥作用，找到蛛丝马迹。

临时文件

　　使用者点选造访过的网页，浏览器会以"暂存档"的方式储存在本地的计算机。好处是再度读取该网页时，无须耗费额外时间，从网络上下载同样内容的网页，可以马上从暂存档中读取出来。这也就是为什么我们再度开启曾经浏览过的网页时，感觉读取速度好像特别快的原因。对鉴识人员来说，则可以借由暂存盘来萃取相关数据。

　　"如果这些记录被删除了，该怎么查?"麒哥问。

　　"是有些麻烦啦，但还是可以通过特殊的技术和工具复原这些记录。"法老王说，"另外，很多学生都会利用宿舍或图书馆的网络下载影片或软件，这时候，学校只要通过'IP'，就可以知道是哪一层楼的哪个位置或哪部计算机干的好事喔!"

　　"我先说，我可没有做这种事喔! 学校的计算器中心一天到晚在公告谁又违规使用学术网络，丢脸死了。"阿智连忙摆手。

　　"我没有在说你啦!"法老王大笑起来。

　　"……IP 是什么?"麒哥沉默了一会儿，终于开口。

"IP 是一串数字的组合，简单来说，有点像'定位系统'，但它的功用不只如此。"法老王在键盘上输入关键词，随即跳出检索页面。

密码小教室 🔍

用"IP"找到你的位置

"IP"（Internet Protocol）是 TCP/IP 协定的基础。它是一种协议，内容描述数据包于网络交换时该如何运作，如互联网的寻址方式、数据传送路径及单位等。它的任务是根据来源主机和目的主机的地址传送数据，IP 协议描述了网络寻址的方式和传送数据时应该如何被包装。每个互联网的使用者在联机至互联网时，都会被分配到"ISP"（Internet Service Provider，互联网服务提供商）所提供的一个"IP 地址"，这串"IP 地址"就代表着用户在网络上的身份辨认。

"IP 地址"分为动态和静态两种。静态 IP 代表每次与 ISP 联机时，所分配到的 IP 都是相同的，而动态 IP 则是随着每次联机而有所不同，并无固定的 IP 地址。

鉴识工作里，如果想要追查在网站中留言或撰写文章的发文者，究竟是从何处所传，只要取得发文者的"IP 地址"，例如博客、社群网站、BBS、E-mail

等，并且分析发文时间是哪位互联网用户在什么地点被分配到这个 IP 位置上网，就可以获知确切的计算机所在位置了。如果再搭配计算机磁盘、网络浏览器的鉴识方式，找到相关的上网记录或者是恐吓邮件的存盘，就罪证确凿了。

"IP 地址"就像是互联网用户的地址，如同真实世界的用户居住地址。在台湾地区，如果我们连到 TWNIC（Taiwan Network Information Center）"whois"的网站（http：//whois.twnic.net.tw），就可以查询 IP 所属的使用单位以及组织的联络方式。因此，IP 地址确实可以代表网络用户的身份，也能够被追溯，查询拥有者和使用者。

"另外，就像计算机一样，手机和其他移动装置里的数据也可以进行鉴识喔。"关闭页面后，法老王说。

"现代人真的是手机不离身。"麒哥有感而发，"很多客人都这样，一点完餐就开始玩手机，只要手机不在身边，就觉得很不安。"

"大家这么依赖手机，不但利用通讯软件传信息、打电话，也会寄发电子邮件、拍照、购物、上脸书或其他社群网站……你们想想看，如果一部小小的手机就能做这么多事，那么万一它不见了，造成的影响会有多大？"法老王问。

"这样讲我大概懂。"麒哥说，"像我的手机只要从待机画面滑一下就解锁了，根本没有设密码，而且所有往来厂商的通讯簿都在里面，LINE 也从来不会注销……现在想一想，这么做真的很危险。"

"既然知道了，就好好设密码吧！"法老王拍拍麒哥肩膀。

"王叔叔，那手机要怎样鉴识啊？"阿智终于抓到机会发问。

"以通话记录来说，只要通过鉴识用的软件，就能整理出这部手机的通话记录，再过滤出常拨出或接到的电话号码，我们就可以知道这个人曾经在什么时候、什么位置和谁联络，通话时间多长等信息，这对于掌握特定人物过去的动态很有帮助。电子邮件和短信的内容也一样。"法老王解释。

"那么即使把这些记录删掉，也会像计算机那样，只是'不知道在哪里'吗？"麒哥从刚刚计算机的例子推论。

"没错。"法老王点点头，"除了找出通讯记录外，手机还有一项常用的功能，也可以帮我们掌握使用者过去的行动轨迹——就是 GPS 功能。"

"这个我知道！"阿智抢先一步，"所谓的'GPS'就是'全球定位系统'，它会利用卫星追踪讯号，定位用户所在的位置，再结合其他相关程序，就可以成为一般车用导航系统，或是协助我们规划交通路线。"

"就像阿智说的，GPS 目前在生活上的应用越来越广泛，除了导航系统、交通手段的规划外，譬如脸书的'打卡'功能，也是 GPS 的一种应用。"法老王说，"而且这些导航系统一样有储存的功能，它会把我们定位过的经纬度记录下来，只要把这些记录调出来，马上就知道手机的主人去过哪里，又是从哪里出发的。"

"我有点好奇，"麒哥问，"如果密码可以加解密，那鉴识是不是也有……呃……反鉴识？"

"是叫'反鉴识'没错。"法老王笑着说，"就像很多歹徒在犯案后会故布疑阵、扰乱警方查案一样，防止数字迹证被鉴识出来的行为就可以叫作'反鉴识'。"

密码小教室 🔍

反鉴识

究竟什么是"反鉴识"呢？如同前面所说的，由于数字证据具有"原始状态保持不易""难以确定完整性与来源性""不易察觉与解读"等特性，对于调查人员来说，数字鉴识的过程，更需加强确认数字证据的完整性，即萃取的数字证据是否与原本的证据一致，是否遭到窜改，所欲萃取的数字证据是否已经被隐藏或者是删除，这样才可使最终的调查报告能为法院所接受；相反，犯罪者千方百计地采取各种手段，阻碍数字证据的鉴识行为，就称为"反鉴识"。

常见的反鉴识技术有："数据加密"，让旁人无法理解密文内容；"数据隐藏"，将数据隐藏在平常计算机中较无用处且不起眼的储存位置，或是通过一些方法将信息隐藏在某个档案或图片中。这些被隐藏的数据，有可能是图形、文字、声音、HTML 文件，甚至是磁盘内的数据。数据隐藏技术使数字鉴识人员无法直接发现数据，来达到隐藏信息的目的。

另外有一种技术是"资料抹除"，对攻击者来说，为了避免被追踪出身份，最直接也最好的方法，就是删除掉所有关于他在计算机上的活动记录了。但是，如果仅仅是将数据删除，数据还是有可能被还原，唯一可以根除的方式，就是"除了撕掉标签外，也要把档案确实移除"。这项工作该如何办到呢？一些软件设计师，为了彻底删除数据，避免机密外漏，开发出相关抹除数据的软件，如"eraser"。

执行"eraser"抹除数据时，"eraser"会将欲抹除的数据依预先设定的或者随机产生的数据覆写数次，达到确实删除数据的目的。如此一来，如果还想利用软件"FinalData"复原数据的话，就会有困难了。

看完检索页面后，法老王又说："不过好坏都不是绝对的。一把刀子可以拿来做菜，也可以拿来杀人；工具也是，这些反鉴识工具同样可以提供正面用途。比如说，为了怕机密外泄、重要数据外流，很多公司都会监控员工的电子信箱、侧录并分析网络封包、屏蔽某些网站等，借此降低风险。"

说完后，法老王起身从包里掏出一份文件。"这是我刚刚经过补习班拿到的一些入学考试公告试题，每一页都有水印，这种'数字水印'其实也是一种反鉴识工具喔！"

"水印也是吗？"麒哥问。

"嗯。"法老王点点头，"刚刚我们看到，常见的反鉴识技术中，有一种叫'数据隐藏'，也就是把特定信息隐藏在档案或图片中，而水印就是一种被加入的信息。"

密码小教室 🔍

数字水印

"数字水印"的用处在于宣告著作版权，它的做法是将有版权的档案上加入著作权者个人信息，以防他人伪造复制。

数字水印又分为可视水印和不可视水印两种。前者是将原始图片文件加上肉眼能辨别的拥有者数据，如果要移除数字水印，一定会严重破坏原始图片文件的信息；后者则将图片文件加上我们肉眼所看不见的水印，整张图片文件的外观和细节内容并没有发生显著的变化。而除了销毁这张图档外，没有任何其他的方法可以将数字水印移除，如果有违反著作权的盗用时，我们可以通过特别的方法从中取出隐藏的水印，借以辨识著作权信息。

3. In preparation for the wedding anniversary party, the couple invited an outstanding designer to remodel the <u>interior</u> of the house.
(A) inside　　(B) decoration　　(C) invasion　　(D) price

4. After sharing an apartment with a friend for two years, you should be able to <u>recognize</u> him by his voice.
(A) reveal　　(B) identify　　(C) allow　　(D) disturb

5. There is a strong resemblance between the man and the boy. They must be father and son.
(A) liking　　(B) likelihood　　(C) likewise　　(D) likeness

6. When the potato was first brought to Europe, many people thought it was a weird vegetable.
(A) underground　　(B) poisonous　　(C) nutritious　　(D) strange

7. She was fully attracted by the novel; therefore, when her mother asked her to run an errand, she put the book down <u>reluctantly</u>.
(A) genuinely　　(B) rapidly　　(C) unwillingly　　(D) definitely

8. In some cultures, giving someone a letter opener implies that the relationship will be cut.
(A) suggests　　(B) includes　　(C) impresses　　(D) bargains

9. She wasted so much money on luxuries that she ran into _____.
(A) doubt　　(B) date　　(C) debt　　(D) dirt

10. Whenever I am in trouble, he always helps me out. I really _____ his assistance.
(A) accomplish　　(B) associate　　(C) achieve　　(D) appreciate

11. He is filling out a visa application _____ because he is going to visit South Africa next month.
(A) farm　　(B) firm　　(C) form　　(D) fame

12. Studying should be the _____ of a student, not working part-time.
(A) priority　　(B) resume　　(C) margin　　(D) variation

13. A university president has a high social _____, and (s)he is highly respected by the people.
(A) stage　　(B) status　　(C) statue　　(D) station

14. Since water shortage in many regions is getting worse, it is predictable that the world will be facing water _____ soon.
(A) level　　(B) energy　　(C) crisis　　(D) sink

可视型水印（图片来源：四技二专统测中心）

　　"虽然移动装置很方便，不过看起来，我们都太小看了资讯安全方面的风险。"阿智说。

"对啊！"麒哥搭腔道，"而且就连跟谁通过电话、去过哪里都可以从手机里分析出来，还真是不能做坏事啊，否则马上就被逮到了。"

法老王倒是轻松地笑了起来："手机、计算机和网络已经是生活的一部分，如果能好好使用它们，就能让工作更有效率、生活更充实；只是我们也要知道这些便利会带来的风险。'恐惧来自于无知'，只要了解得更多，就不会因为害怕而完全不敢碰，反而会更清楚地知道如何善用、如何避开风险、如何保护自己；而密码，其实就是最基础的常识。"

"原来如此，这应该才是你这门通识课最想传达给学生的吧！我……"麒哥话说到一半，手机突然响起。

"喂？我是……嗯？应该是明天来修啊……嗯……这样啊……好，我知道了，等我一下，我马上过去。"麒哥的表情看起来有些困扰。

"怎么了吗？"阿智问。

"没什么。店里要换排烟系统，本来说好明天下午才来换的，结果好像厂商搞错时间，现在就跑来了，所以我要过去一下才行。"麒哥说。

"那你就先去忙吧，不用招呼我了。"法老王笑着回答。

"老王，不好意思啦。"麒哥说完，对着阿智说，"我出门了，你帮我招呼王叔叔喔！"

确认麒哥离开后，阿智见机不可失，若无其事地起了另一个话头："王叔叔，你跟我爸妈都很好，对不对？"

"对啊……怎么了，突然提起这个？"法老王眉头一皱，感觉事情并不单纯。

"嗯……说实在的，我当初并没有想到我写的那封数字密码信竟然这么有效，而且您还帮我爸上课，让他有了可以投注心力的兴趣，现在他酒喝得少了，也比较愿意去外面走走，我真的很感谢您。"阿智说话有点吞吞吐吐。

"所以呢？你到底想说什么？"

"那个……您知道我妈妈过世前留下一封信给我爸吗？"阿智想了想，还是开口问道。

"信？"法老王有些惊讶。

"嗯。我爸从来没跟我说过这件事，是之前帮他办自然人凭证的时候，不小心发现的。"

原来麒哥平常习惯把重要文件、证件、存折和印章锁在衣柜里的抽屉，当时他没想那么多，直接把钥匙给阿智，让他开抽屉拿东西，结果却让阿智发现了母亲的信。

"我有把信拍下来，可是我完全看不懂。"阿智打开手机里的相簿，把照片递给法老王。

"你爸有说过你妈的事吗？"法老王不动声色地问。

"很少。"阿智摇摇头，"'妈妈'这两个字就跟'戒酒'一样，根本是他的地雷……现在应该好多了。"

"以前我们念大学的时候，你妈就很喜欢研究有关密码的东西，至于你爸呢，一看到数字就头痛，完全就是现在所说的

'文科生'。你妈妈兴致一来，还会写'爱的小纸条'给你爸——不过是用密码写成的。你爸每次都来找我求救，后来你妈知道了，还把我训了一顿。"法老王说起往事，脸上都是笑。

"我对妈妈其实没什么印象，"阿智摇摇头，"可是我一直在想，如果这是妈妈留给爸爸最后的信息，那么还是应该把它解出来比较好，不是吗？"

"这样吧，我们来解解看，我猜你爸并没有解开这封信的秘密；至于解开之后你要怎么跟你爸说，我想还是让你自己去思考比较好。"法老王拿出纸笔，"来吧，来看看你妈妈留下的那封信。"

爱 是恒久忍耐，又有恩慈　　　　from Vigenere

xmyilfcydpvrowysycolljziycpkshdqphjweotathccziwyemjyncppo
yZiaazmymjycvzechaschcihvjppzdjphcmyyjjxsrlpbavfgovlhzhlbyc
zirsfzylljzwefzrrhcxzpjyyqzflqfqjrzecgjrtohwzgjvcmollhtsfqjywris
evvzpajqqcmgzakeymyycwikjcpvwwaitohczimeyuzpecwihwoljc
peyryeotjvpjzvphzvyogpj

法老王用笔指着右上角的"Vigenere"："我想这个单词指的是'维吉尼亚加密法'。它其实很简单又很好用，但是因为初学者想破解它没那么容易，所以又有'难以破译的密码'的说法。"

（爱）是恒久忍耐，又有恩慈　　from (Vigenere)
xmyilfcydpvrowysycolljziycpkshdqphjweotathcczimyemjyncppo
yZiaazmymjycvzechaschcihvjppzdjphcmyyjjxsrlpbavfgovlhzhlbyc
zirsfzyllzjwefzrrhcxzpjyyqzflqfqjrzecgjrtohwzgjvcmollhtsfqjywris
evvzpajqqcmgzakeymyycwikjcpvvwaitohczimeyuzpecwihwoljc
peyryeotjvpjzvphzvyogpj

　　"这个上课有讲过。维吉尼亚加密法必须用事先约定好的密钥来破解密文。"阿智说。

　　"很好。"法老王又指着左上角那个特别大的"爱"字，"我猜'love'就是你妈妈设下的密钥。"

　　说完，法老王动手整理出一个表格。"阿智，你看，我们假设密钥是'love'，根据维吉尼亚密码表来反推（注：请参见066页），密文的第一个字母是'x'，对应的密钥字母是'l'，查表后，从'l'列找到'x'，得出明文是'm'；密文的第二个字母是'm'，对应的密钥字母是'o'，查表后，得出明文是'y'……以此类推，一一查出明文。"

字符	A	B	C	D	E	F	G	H	I	J	K	L	M	N	O	P	Q	R	S	T	U	V	W	X	Y	Z
L	L	M	N	O	P	Q	R	S	T	U	V	W	X	Y	Z	A	B	C	D	E	F	G	H	I	J	K
O	O	P	Q	R	S	T	U	V	W	X	Y	Z	A	B	C	D	E	F	G	H	I	J	K	L	M	N
V	V	W	X	Y	Z	A	B	C	D	E	F	G	H	I	J	K	L	M	N	O	P	Q	R	S	T	U
E	E	F	G	H	I	J	K	L	M	N	O	P	Q	R	S	T	U	V	W	X	Y	Z	A	B	C	D

密文	x	m	y	i	l	f	c	y	d	p	v	r	o	w	y	s	y	c	o	l
金钥	l	o	v	e	l	o	v	e	l	o	v	e	l	o	v	e	l	o	v	e
明文	m	y	d	e	a	r	h	u	s	b	a	n	d	i	d	o	n	o	t	h

密码情书的部分破解内容

过了一会儿。"好了，全部解密完毕。"阿智把最后一个字母写在纸上。

爱 是恒久忍耐，又有恩慈　　　from Vigenere

mydearhusbandidonothaveenoughtimetostaywithyoubutyouco
uldkeepmeinyourheartforthewholelifethinkofmewhenfrustrate
dandyouwouldhavestrengthtobouncebackmydearsoniamsosorr
ythatyoucouldnothavemomforcompanyduringyourlifeiamyoura
ngeltobewithyouanddadforevereternally

"那我们再整理一下……"法老王接着把所有的字母一一划分成有意义的单词。

爱 是恒久忍耐，又有恩慈　　　　from Vigenere

My dear husband, i do not have enough time to stay with you, but you could keep me in your heart for the whole life.
Think of me when frustrated and you would have strength to bounce back.
My dear son, i am so sorry that you could not have Mom for company during your life. I am your angel to be with you and Dad forever eternally.

亲爱的老公，我没有足够的时间陪在你身边，但你能将我保留在你心中一辈子。当你难过时，想起我就能充满力量。

亲爱的儿子，很抱歉在你的生命中没有妈妈的陪伴。我是你及爸爸身边的天使，会永远和你们在一起。

"好奇怪，我以为我已经很习惯没有妈妈这件事了，没想到真的看到妈妈的信，心里还是觉得很激动。"阿智说完，若无其事地揉揉眼睛。

"这件事情对你和你爸来说，到底有什么意义，需要你们自己去找出来。虽然你也像我的小孩一样，但是我终究是个外人；"法老王轻轻地按着阿智的肩，"身为一个跟你爸妈都很熟的外人，我只能说：你爸妈一直很相爱，他们也很爱你。或许就是因为太爱彼此了，所以你爸一直不知道怎样调适这种悲伤，也不知道要怎样面对你，毕竟他认为就是自己不争气，你妈妈才会走得那么早。"

"我从来没有这样想过……"阿智还是忍不住鼻酸起来，"我当然也羡慕过其他人，觉得他们有妈妈真好，可是我也知道爸爸只有我一个儿子，所以我其实很希望他可以再信任我一点，不用什么事都想自己扛、不要心里有话都不说。"

"人生是不会白费的。"法老王安慰阿智，"虽然你们看起来绕了好远的一段路才走到这里，但就是要等到天时、地利、人和才能得到最好的结果，这段辛苦的日子，一定会变成你们未来的财富。"

两人就在客厅里对坐了一阵子。沉默中，阿智心里不断思考该如何跟爸爸提起这件事，而在妈妈过世多年后，这封迟来的情书，是不是能让他们的关系更紧密？

"我回来了……咦？"麒哥打开屋门，"你们怎么了？怎么那么安静？阿智，你该不会惹王叔叔生气了吧？"

"没有。"法老王说，"阿智很乖，我也没有生气。"

"那……"

阿智在一旁欲言又止，法老王见状，用手肘顶了顶阿智。

终于，阿智鼓起勇气："爸，我有件事要跟你说。"

"什么事？"

"我知道妈妈过世前留了一封信给你，而且王叔叔跟我刚刚把这封信解开了。"阿智很快说完，一把将刚刚写在纸上的解密结果塞进麒哥怀里，担心地观察着麒哥脸上的表情。

"什么？你……我……"麒哥一时反应不过来，只好抓起阿智塞进他怀里的纸，看个仔细。

麒哥不只一次想过，要是哪一天真的解开了妻子留下的密码信，他应该会有什么情绪、有什么反应；但真正看到解密后的信，他脑中却一片空白，所有的情感仿佛瞬间被抽空，就连找个形容词来描述他此刻的心情都做不到。

他只觉得自己很蠢。其实他很清楚，无论妻子在信中写了什么，都不会是对他的不满或抱怨；可是他就是担心，担心妻子万一真的这么写，会让他觉得自己更无能、更像个悲剧里的小丑。麒哥很自然地选择了逃避。逃了这么久、绕了这么大一圈之后，没想到却是儿子伸手拉他一把，让他结束这段漫长的流浪。

"对不起，阿智。"麒哥声音有些沙哑。张了半天的口只挤出这句话。

沉默了一会儿，阿智终于响应："没有什么好对不起的，你是我爸，而且……"阿智抬手抹去眼角泪水，"我失去了妈妈，你失去了太太，我们都失去自己很重要的人，所以……我知道……而且，我承认我自己也在逃避你。"

"阿智……"

"过了这么多年，不管是什么生活，我都习惯了；怕受伤、怕冲突的话，躲开就好了。所以后来我不再提妈妈、不再劝你戒酒，我觉得这样保持距离也很安全。可是……"阿智说得哽咽，"这样真的好吗？这真的是我想要的吗？所以我才决定写那封数字密码信给你，幸好……幸好我有写……"

阿智说完，像个孩子般哭出声来。

"阿麒，"法老王轻轻搂住麒哥的肩膀，"这些年，辛苦你了。"

"老王，谢谢你，如果不是你一直撑着我们家，如果不是你教我这么多事情，我想我现在还是一样，废人一个。"麒哥也伸手勾住法老王的肩。

"要谢就谢阿智，我能做的其实不多。"法老王摇摇头，"努力了这么久，你们人生的谜题终于解开了，而解开它的'密钥'，我想你老婆也写得很清楚了。至于你跟阿智，我相信你俩应该有很多话要说，我呢，就不当电灯泡了；这门课，也算是功德圆满了。"

法老王回家后，麒哥和阿智反而觉得有些尴尬，不知该怎样开口才好。

沉默了一会儿，麒哥拿起写着破解密文的纸，仔细折好，递给阿智。"这张纸收好，别掉了……"他深吸一口气，"人生的密码啊，解密的过程还真不容易。但是只要愿意尝试，好像总会有机会找到正确的'密钥'，得到藏在秘密背后的幸福和智慧。真没想到，跟法老王学这门密码学，对我这么有帮助！儿子，很久没一起去外面吃饭了，我们找家餐厅，好好吃顿饭吧。"

阿智看着麒哥，点点头，并露出微笑。"没问题，等一下我上网找找！"他小心地把法老王的解密文收进背包，想着爸爸的话，和妈妈留下的"爱的秘密"，心底充满满满的感动，觉得今天真是很棒的一天。他知道，自己会紧紧守住藏在人生中最重要的东西，就像爸妈那样。

摩斯密码表

字母

字符	程序码	字符	程序码	字符	程序码	字符	程序码	字符	程序码	字符	程序码	字符	程序码
A	·—	B	—···	C	—·—·	D	—··	E	·	F	··—·	G	——·
H	····	I	··	J	·———	K	—·—	L	·—··	M	——	N	—·
O	———	P	·——·	Q	——·—	R	·—·	S	···	T	—	U	··—
V	···—	W	·——	X	—··—	Y	—·——	Z	——··				

数字

字符	程序码	字符	程序码	字符	程序码	字符	程序码	字符	程序码
1	·————	2	··———	3	···——	4	····—	5	·····
6	—····	7	——···	8	———··	9	————·	0	—————

标点符号

字符	程序码	字符	程序码	字符	程序码	字符	程序码
句号（.）	·—·—·—	冒号（：）	———···	逗号（,）	——··——	分号（;）	—·—·—·
问号（?）	··——··	等号（=）	—···—	单引号（'）	·————·	斜线（/）	—··—·
叹号（!）	—·—·——	连字号（—）	—····—	下划线（_）	··——·—	双引号（"）	·—··—·
前括弧（(）	—·——·	后括弧（)）	—·——·—	美元（$）	···—··—	&	·—···
@	·——·—·						

非英文字符

字符	程序码	字符	程序码	字符	程序码	字符	程序码	字符	程序码
å 或 æ	• — • —	à 或 å	• — — • —	ç 或 ĉ	— • — • •	ch	— — — —	ð	• • — — •
è	• • — • •	é	• • — • •	ĝ	— — • — •	ĥ	— — — — • •	ĵ	• — — — •
ñ	— — • — —	ö 或 ø	— — — •	ŝ	• • • — •	þ	• — — • •	ü 或 ŭ	• • — —

特殊符号（同一符号）

这是一些有特殊意义的点划组合，它们由两个字母的摩斯密码连成一个使用。

符号	程序码	意义
AR	• — • — •	停止（信息结束）。
AS	• — • • •	等待。
K	— • —	邀请发射信号（一般跟随 AR，表示"该你了"）。
SK	• • • — • —	终止（联络结束）。
BT	— • • • —	分隔符。

附录二

深入了解 RSA

I. 欧拉函数

除了"质因子分解"与"模数运算"外，另有一个运用在 RSA 的观念："欧拉函数"。欧拉函数（Euler's Totient Function）指的是 1 到 n 的自然数中，与 n 互质的整数个数。欧拉函数来自于欧拉定理，表示式如下：

$$a^{\varphi(n)} \bmod n = 1$$

式子中的"$\varphi(n)$"称为"欧拉函数"。现在我们来导出欧拉函数，若我们欲找出小于 n 且与 n 互质的整数个数，可以将 n 的整数个数减去不与 n 互质的个数，所得到的个数即为欧拉函数，方法如下：

【方法】

① 令 $n = p \times q$，其中 p 与 q 为质数。

② 因 p 为质数，不与 n 互质的正整数，即是 p 的倍数，p，$2 \times p$，$3 \times p$，$\cdots$，$q \times p$，共有 q 个。例如：$n = 15 = p \times q = 3 \times 5$，不与

n (*n*=15) 互质的整数且是 *p*=3 的倍数有 {3，6，9，12，15}，共 5 个。

③ 因 *q* 为质数，不与 *n* 互质的正整数，即是 *q* 的倍数，*q*，2×*q*，3×*q*，…，*p*×*q*，共有 *p* 个。例如：*n*=15=*p*×*q* =3×5，不与 *n* (*n*=15) 互质的整数且是 *q*=5 的倍数有 { 5，10，15 }，共 3 个。

④ *p* 的倍数有 {*p*，2×*p*，3×*p*，…，*q*×*p*}，*q* 的倍数有 {*q*，2×*q*，3×*q*，…，*p*×*q*}，两者有一数 *q*×*p*= *p*×*q* 相同。

⑤ φ(*n*) 个数等于 *n* 减去不与 *n* 互质的个数，即 φ(*n*) =*n*-*p*-*q*+1，其中 *n*= *p*×*q*。故 φ(*n*) =*pq*-*p*-*q*+1= (*p*-1)(*q*-1)。

II. RSA 的加解密

了解质因子分解、模数运算及欧拉函数在 RSA 系统中的应用后，现在来解开 RSA 的神秘面纱，端详 RSA 的加解密方法，并以实例示范加解密过程，了解 RSA 里的公开密钥是什么，私密密钥又是什么，破解密钥的困难点到底在哪里。

(一) RSA 加解密

假设 *C* 为密文，*M* 为明文。*e*、*n* 为公开密钥，且 *n*=*p*×*q*，*p* 和 *q* 为质数，*d* 为私密密钥，其中 *M* < *n*。RSA 加解密公式如下：

加密：$C=M^e \bmod n$。

明文 *M* 经过公开密钥 (*e*、*n*) 加密后，形成密文 *C*。

解密：$M=C^d \bmod n$。

密文 C 经过私密密钥 d 解密后，还原明文 M。

（二）RSA 的运作原理

① 两个大质数 p 和 q，$n=p×q$。

② 计算欧拉函数 $φ(n) = (p-1)(q-1)$。其中，欧拉函数是 1 到 n 的自然数集合中比 n 小且与 n 互质的正整数个数。

③ 计算两个正整数值 e 与 d，使得满足数学关系式：$e×d \bmod φ(n) =1$，e 为公开密钥，d 为私密密钥。

$∵ e×d \bmod φ(n) = 1$

$∴ e×d-1 = t×φ(n)$

$→ e×d = t×φ(n) + 1$

$→ M^{ed} = M^{t×φ(n)+1}$

$→ M^{ed} \bmod n = M^{t×φ(n)+1} \bmod n$

$\qquad = M×M^{t×φ(n)} \bmod n$

$\qquad = M×(M^{φ(n)} \bmod n)^t$。

$∵$ 欧拉定理：$a^{φ(n)} \bmod n= 1$

$∴ M^{ed} \bmod n = 1$

$∴ M^{ed} \bmod n = M×(1)^t \bmod n$

$\qquad = M \bmod n$

$\qquad = M \ (∵ M < n)$。

$→$ 密文 $C = M^{ed} \bmod n$ 会被解密为原明文 M。

$$\text{Q.E.D.}$$

上述的证明过程可能充满了数学，但其实重要的是，能够明白密文能被还原为原来的明文及相关密钥产生的概念。

（三）了解 RSA 密钥产生方法后，依照产生步骤，找出质数 p 和 q，并实际产生"公开密钥"与"私密密钥"。

① 两个大质数 p 和 q，为方便计算，故取较小质数 $p=7$，$q=11$，则 $n=p×q=7×11=77$。

② 计算欧拉函数 $\varphi(n) = (p-1)(q-1)$。

$$\varphi(n) = (7-1)(11-1)$$
$$= 6×10$$
$$=60。$$

③ 计算两个整数值 e 和 d，使得满足数学关系式：

$$e×d \bmod \varphi(n) = 1$$
$$\rightarrow e×d = t×\varphi(n)+1$$
$$\rightarrow d = \frac{t×\varphi(n)+1}{e}$$

若 $e=23$，$d = \dfrac{t×\varphi(n)+1}{e} = \dfrac{t×60+1}{23}$ 。

找寻 t 使得 d 为正整数，故当 $t=18$，$d=47$ 即为所求。

为了密码系统的安全性 $(e \neq d)$，故选择公开密钥 $(n,e) = (77, 23)$ 与私密密钥 $d=47$。

III. RSA 操作

已知加解密密钥后，我们找一串明文加密，再将其还原。

借由 RSA 密码加解密的详细操作过程，能加深印象，彻底了解 RSA 的运作。

【加密】

① 设定一串明文："NO PAIN NO GAIN"。

② 参考表一，将明文依 ASCII 码转换为整数，转换的整数如表二所示。

明文	A	B	C	D	E	F	G	H	I	J
对照码	65	66	67	68	69	70	71	72	73	74
明文	K	L	M	N	O	P	Q	R	S	T
对照码	75	76	77	78	79	80	81	82	83	84
明文	U	V	W	X	Y	Z				
对照码	85	86	87	88	89	90				

表一　明文号码对照

N	O	P	A	I	N	N	O	G	A	I	N
78	79	80	65	73	78	78	79	71	65	73	78

表二　明文转换后的整数

③ 将表二转换为二进制，如表三所示。

明文	N	O	P	A	I	N
转换后整数	78	79	80	65	73	78
二进制	1001110	1001111	1010000	1000001	1001001	1001110
明文	N	O	G	A	I	N
转换后整数	78	79	71	65	73	78
二进制	1001110	1001111	1000111	1000001	1001001	1001110

表三　明文转换后二进制的整数

④ 将二进制数据以（$n-1$）以下的非负整数以 6 位为一区块，而二进制的 6 位可表示的最大值为 63（2^6-1）。在 $n-1=77-1=76$ 以下，以 6 位为一区块，若不足 6 位时则补 0，如表四所示。

100111 010011 111010 000100 000110 010011 001110 100111 010011 111000						
111100 000110 010011 001110						
以 6 位为一区块						
100111	010011	111010	000100	000110	010011	001110
100111	010011	111000	111100	000110	010011	001110

表四　二进制整数以 6 位为一区块

⑤ 将各区块位转换为十进制，如表五所示。

100111	010011	111010	000100	000110	010011	001110
39	19	58	4	6	19	14
100111	010011	111000	000110	000110	010011	001110
39	19	56	60	6	19	14

表五　二进制整数转换十进制整数

⑥ 利用加密密钥（n=77，e=23）代入公式：

$C = M^e \bmod n$ 进行各个区块的加密可得到：

$C = 39^{23} \bmod 77$，$19^{23} \bmod 77$，$58^{23} \bmod 77$，

$4^{23} \bmod 77$，$6^{23} \bmod 77$，$14^{23} \bmod 77$，

$56^{23} \bmod 77$，$60^{23} \bmod 77$。

以 $C = 39^{23} \bmod 77$ 为例，计算如下：

$39^{23} = (39^2)^{11} \times 39 \bmod 77$

$= 58^{11} \times 39 \bmod 77 (\because 39^2 \bmod 77=58)$

$= (58^2)^5 \times 58 \times 39 \bmod 77$

$= 53^5 \times 58 \times 39 \bmod 77 (\because 58^2 \bmod 77=53)$

$= (53^2)^2 \times 53 \times 58 \times 39 \bmod 77$

$= 37^2 \times 53 \times 58 \times 39 \bmod 77 (\because 53^2 \bmod 77=37)$

$= 60 \times 53 \times 58 \times 39 \bmod 77 (\because 37^2 \bmod 77=60)$

$= 51$。

其余区块的计算结果如下：

19^{23} mod 77=17，58^{23} mod 77=60，

4^{23} mod 77=9，6^{23} mod77=62，14^{23} mod 77=49，

56^{23} mod 77=56，60^{23} mod 77=37。

将上述结果依 ASCII 码转换为字符，如表六所示：

明文	39	19	58	4	6	19	14
密文	51	17	60	9	62	17	49
字符	3	▲	=		>	▲	1
明文	39	19	56	60	6	19	14
密文	51	17	56	37	62	17	49
字符	3	▲	8	%	>	▲	1

表六　依 ASCⅡ 码转换为字符

【解密】

当对方利用公钥将加密讯息传给自己后，相对应的解密密钥即可派上用场。我们已知密文讯息且将其转换为十进制，利用解密密钥（d=47）进行还原。

① 解密公式：$M=C^d$ mod n，以密文 C=9 为例，令解密密钥 d=47 及 n=77，故可得到明文 M=4。

$M = 9^{47} \bmod 77$

$= (9^2)^{23} \times 9 \bmod 77$

$= 4^{23} \times 9 \bmod 77 \quad (\because 9^2 \bmod 77 = 4)$

$= (4^2)^{11} \times 4 \times 9 \bmod 77$

$= 16^{11} \times 4 \times 9 \bmod 77 \quad (\because 4^2 \bmod 77 = 16)$

$= (16^2)^5 \times 16 \times 4 \times 9 \bmod 77$

$= 25^5 \times 16 \times 4 \times 9 \bmod 77 \quad (\because 16^2 \bmod 77 = 25)$

$= (25^2)^2 \times 25 \times 16 \times 4 \times 9 \bmod 77$

$= 9^2 \times 25 \times 16 \times 4 \times 9 \bmod 77 \quad (\because 25^2 \bmod 77 = 9)$

$= 4 \times 25 \times 16 \times 4 \times 9 \bmod 77$

$= 16^2 \times 25 \times 9 \bmod 77$

$= 25 \times 25 \times 9 \bmod 77$

$= 25^2 \times 9 \bmod 77$

$= 9 \times 9 \bmod 77$

$= 4$。

其他密文以上述相同方法计算可得结果如下：

$51^{47} \bmod 77 = 39$，$17^{47} \bmod 77 = 19$，

$60^{47} \bmod 77 = 58$，$62^{47} \bmod 77 = 6$，$49^{47} \bmod 77 = 14$，

$56^{47} \bmod 77 = 56$，$37^{47} \bmod 77 = 60$。

② 将十进制明文转换为二进制结果如表七所示：

十进制	39	19	58	4	6	19	14
二进制	100111	010011	111010	000100	000110	010011	001110
十进制	39	19	56	60	6	19	14
二进制	100111	010011	111000	111100	000110	010011	001110

表七　十进制明文转换为二进制

③ 将表七以每 7 位为一区块重新排列，结果如表八所示：

1001110 1001111 1010000 1000001 1001001 1001110 1001110 1001111
1000111 1000001 1001001 1001110

以 6 位为一区块					
二进制	1001110	1001111	1010000	1000001	1001001	1001110
十进制	78	79	80	65	73	78
二进制	1001110	1001111	1000111	1000001	1001001	1001110
十进制	78	79	71	65	73	78

表八　二进制整数以 7 位为一区块

④ 将表八的十进制数值参考 ASCII 表，还原为字符可得明文"NO PAIN NO GAIN"。如表九所示：

密文	78	79	80	65	73	78
ASCII / 明文	N	O	P	A	I	N
密文	78	79	71	65	73	78
ASCII / 明文	N	O	G	A	I	N

表六　依 ASCII 码转换为字符